KB183153

여름빛 오사카와 교토 겨울빛 나가노

00:07:14

● REC

여름빛 오사카와 교토
겨울빛 나가노

22살, 첫 일본 여행의 기록

문혜정 지음

세나북스

프롤로그

무사시노(武蔵野)를 거니는 사람은 길을 헤맬 것을 두려워할 필요가 없다. 어떤 길이든 발걸음이 향하는 대로 가면 반드시 보고 듣고 느낄 만한 선물이 기다리고 있다. 무사시노의 아름다움은 뻗어져 나온 수천 갈래의 길을 정처 없이 걷다 보면 비로소 만나게 되어 있다. 그저 이 길을 슬렁슬렁 걷다가 마음이 가는 대로 오른쪽으로든 왼쪽으로든 향하면 곳곳마다 우리를 만족시키는 무언가가 있다.

1898년에 발표된, 구니키다 돗포(国木田独歩)의 무사시노(武蔵野)라는 작품의 일부입니다. 무사시노에 가 본 적은 없지만 저는 이 구절이 마음에 참 와닿습니다. 어떤 길로 가도 멋진 일이 기다리고 있다는 사실은 우리가 삶이라는 시간을 받았기에 실감할 수 있는 훌륭한 선물이니까요.

이 책은 22세의 여름과 겨울, 두 차례 일본으로 혼자 떠나서 보고 느낀 것을 담아낸 글입니다. 처음으로 쓴 여행 기록이 감사하게도 출간에 이르게 되었지만 원래 여행을 즐겨 하는 편은 아니었습니다. 여행을 좋아하냐는 질문을 받는다면 그야 고개는 끄덕이겠지만, 막상 시간이 생겨도 업무와 생활의 흐름을 깨고 싶지 않은 마음이 앞서 선뜻 결정을 내리지 못하는 일이 허다했습니다. 몇 년간 일에 몰두하는 생활을 하면서 두뇌와 마음이 조금 딱딱해져 있었던 걸지도 모르겠습니다.

그러던 중, 근무하던 학원의 짧은 방학을 틈타 여행을 가 보자는 생각이 들었습니다. 특별한 이유가 있었다기보다는 문득 그러고 싶었다는 표현이 더 어울립니다. 그렇게 저는 여름과 겨울의 불청객이 되어 일본으로 향했습니다. 일은 누군가가 나를 필요로 하기에 할 수 있지만 여행은 그렇지 않습니다. 누군가가 나를 부르지 않아도 갈 수 있는 것이 여행입니다.

그렇게 여름에는 오사카와 교토에서, 겨울에는 나가노에서 '지금'을 보냈습니다. 이미 지난 일을 '지금'이라고 표현하는 것도 여로에서 얻게 된 아이디어입니다. 시간에는 과거, 현재, 미래라는 개념이 있지만 엄밀히 말하면 현재만이 우리가 누릴 수 있는 유일한 시간이 아닐까요? 현재가 모이고 모여서 길고도 짧은 필름이 완성되는 것이죠. 그 지금의 연속체를 우리는 추억하는 것이고요. 이 책에 담긴 여행에서 저는 많은 시간을 좋은 '지금'으로 채울 수 있었습니다. 머무를 곳이 있다는 사실에 감사하기도 하고, 아름다운 음악을 피부로 흡수해 감동하기도 했습니다. 현지 사람들이 베푸는 근사한 친절도 경험했고요. 그렇게 여름의 햇빛을 받고 겨울의 눈을 밟고, 짧게 자른 머리가 흩날릴 방향은 바람에 맡기며 거닐었던 순간들을 글에 담아냈습니다. 또 여행의 처음부터 끝까지를 가감 없이 서술했습니다. 열차 시간에 늦지 않기 위해 전속력으로 달리고, 길을 잘못 들어 목적지에 가지 못하고, 역에서 갈팡질팡한 나머지 비행기를 놓치고……. 그런 우여곡절까지도요.

처음에 생각했던 대로 흘러가는 일은 그다지 많지 않습니다. 뜻밖의 만남, 예상하지 못했던 사건, 생각의 전환. 이것들을 두고 누군가는 운명이라고, 누군가는 우연이라고 하겠지만 운명이든 우연이든 좋습니다. 중요한 것은 그 어떤 순간으로부터도 '좋음'이 발생한다는 사실입니다. 여행은 우리에게 그 사실을 생생하고도 여실하게 알려 줍니다. 오른쪽으로 가든 왼쪽으로 가든, 이번 열차를 타든 다음 열차를 타든, 목적지에 도착하든 도착하지 않든 그 결과가 가져오는 좋은 점이 있다는 것을 알려 줍니다. 어떤 길에나 나름의 즐거움이 있다는 사실은 여행에서 돌아오고 나서도 매일을 살아가는 원동력이 됩니다.

이 책은 제가 세상을 향해 투고한 첫 글입니다. 애정 어린 시선으로 원고를 검토해 주시고 출간을 결정해 주신 세나북스 대표

님께 감사의 말씀을 드립니다. 그리고 저를 저답게 만들어 주는 사람들인 제 가족들과 친구들, 학생들에게도 깊은 감사를 전합니다. 이 책을 선택해 주신 독자님들께 이 글을 읽는 시간이 소중한 지금으로 남는다면 좋겠습니다.

2024년 10월

문혜정 드림

차례

겨울, 나가노

여름, 오사카 그리고 교토

여름 1: 제주, 오사카

2023. 7.27. (목)

아침 7시 30분경에 눈을 떴다. 평소 같으면 절대 일어나지 못할 시간인데 일찍 눈을 뜨지 않을 수 없었다. 출국하는 날이기도 하지만 아직 입을 옷과 짐이 준비되지 않았기 때문이다.

성인이 되고 처음으로 해외여행을 가는 날이다. 해외여행이라는 말은 누구에게나 설렘을 선사하고 나 또한 예외가 아니었다. 어렸을 때는 어른이 되면 여러 나라를 많이 여행하고 싶다는 생각을 자주 하곤 했다. 그런 어린 시절의 희망이 무색하게도 대학에 들어와서는 상황이 따라 주지 않아 해외로 나갈 기회가 없었다. 대학을 다니다가 일을 시작하면서 학업은 쉬게 되었지만, 일에 전념하는 생활 속에서 여행을 떠날 시간과 여유는 더더욱 찾지 못했다. 그런 나날을 보내며 해외로 떠나고 싶다는 감각도 얼마간 무뎌져 있었다. 며칠간의 휴가가 주어질 때도 있었지만, 여행에 대한 지식도 경험도 많지 않은 나로서는 준비에 많은 시간이 필요할 것 같고 여행 후 컨디션이 악화되면 업무에도 지장이 생길 테니 떠나겠다는 결정을 선불리 내리지 못했다. 그렇게 언젠가는 가야지 생각만 하다가 4년이라는 시간이 흘렀고, 마음에 무슨 바람이 불었는지 이번 여름에만큼은 떠나고 싶다는 생각이 들어 일본 여행을 계획하기 시작했다. 스스로 계획해서 떠나는 첫 해외 여행이니 목적지는 접근성이 좋고 상대적으로 적응하기 편한 일본으로 골랐다. 그중에서도 내가 사는 제주에서 직항 비행기가 있는 오사카, 그리고 오사카에서 열차로 비교적 쉽게 갈 수 있는 교토에 방문하기로 정했다. 일본은 내게 익숙하면서도 또 아주 낯선 곳이다. 초등학교, 중학교 시절부터 일본 음악을 즐겨 들어서 문화나 언어 면에서는 가깝게 느끼지만, 정작 일본이 어떤 곳인지 직접 피부로 경험해 본 적은 없다. 고등학교 때 지역 교육청에서 지원하는 일본 대학 견학 프로그램에 참가해 오사카와 도쿄, 나고야 일대를 방문한 적은 있다. 즐거운 경험이었지만 견학을 스스로 준비하고 기획한 것은 아니었고 선생님들의 인솔과 보호 아래 움직인다는 특성상 현지에 그다지 녹아들지 못했다는 느낌이 들었다. 하지만 이번 여행은 하나부터 열까지 직접 생각해서 기획해야 한다. 계획을 시작하기 전까지는 이것 또한 약간의 두려움으로 다가오기도 했으나 막상 계획에 손을 붙이니 처음의 두려움이 곧 오기로 변했다.

계획 첫날이 아직도 생생하다. 비행기를 예약하는 것까지는 무사히 해냈다. 꽤 큰 금액을 한 번에 내야 해서 약간 손이 떨리기는 했지만 문제없이 완수했다. 비행기를 예약하고서 오사카에 가면 무엇을 해야 좋을지 생각해 보다가, 연극이나 뮤지컬을 한 편 보고 싶다는 생각이 들었다. 어린 시절 일본 웹 사이트에 올라오는 무대 정보들을 보면서, 일본의 무대 공연은 어떤 것일지 궁금해했었다. 영화도 음악도 아닌 무대 공연은 당시의 내가 도저히 체험할 수 없는 미지의 영역이라, 나중에 어른이 되어서 돈이 생기면 일본에 가서 직접 보고 싶다고 생각했었다. 하지만 막연한 생각이었고 막상 일본의 연극과 뮤지컬에 대해서는 아는 게 없어서, 오사카 일대의 극장에서 하는 공연들을 조사해 보고 그 중 일정에 맞는 것을 골라서 보기로 했다. 그런데 일본 대부분의 티켓 사이트에서는 예매할 때 현지 전화번호와 현지 주소가 필요했다. 나는 그런 것이 없으니 무언가 다른 방법을 찾으려 노력했지만 결국 대형 티켓 사이트에서 결제하기는 실패로 돌아갔다. 그러다가 우메다 예술극장이라는 곳의 홈페이지를 찾았는데, 그곳에서는 그 극장에서 공연하는 모든 작품의 예매를 자체 사이트 결제로 진행하고 있었다. 공연 일정을 보니 「팬텀」이라는 뮤지컬이 일정에 맞아서 예매를 시도했는데 감사히도 결제에 성공했다. 뮤지컬에 대해 아는 것도 없고 배우들도 몰랐지만, 아무튼 보러 가기로 결정됐다. 항공권과 뮤지컬을 예약하고 나서는 달리 또 예약해 둬야 할 것이 있을지 생각해 보았다.

모처럼 일본에 가는 것이니 먹고 즐기는 것뿐만 아니라 무언가를 배우고 오면 좋겠다는 생각이 들어 일본식 다도 수업을 알아보았다. 조사해 보니 마이코야(Kimono Tea Ceremony Maikoya)라는, 기모노와 다도 체험을 할 수 있는 곳이 있어 교토에서의 마지막 일정으로 예약해 두었다. 그 외에도 숙소, 전철, 다른 활동들을 고려하다 보니 준비에 상당한 시간이 들었다. 여행을 준비할 때는 정보가 중요한 만큼, 조사를 시작하면 얻은 정보가 머리에서 사라지지 않게 하려고 좀처럼 손을 뗄 수가 없었다. 그래서 저녁에 여행 준비에 손을 붙이면 새벽까지도 정보를 알아보는 일이 많았다. 처음으로 해외여행을 계획하다 보니 모르는 것이 대부분이라 더욱 시간이 많이 들었다.

여행 첫날 아침이 밝아, 무슨 옷을 입고 갈지 고민했다. 원래 계획으로는 시원한 소재의 빨간 여름 원피스를 입으려고 했는데, 막상 출발 당일이 되니 입고 싶지 않았다. 여행객이라고 특별하게 차려입은 느낌을 내기도 싫었고 짧은 기장의 치마는 마음대로 자세를 취하지 못해 불편할 것 같았다. 옷장을 살펴보니 몇 년 전에 사 두고 입지 않았었던 파란 여름 상의가 보여서 그것을 입고, 바지로는 무엇이 좋을지 이것저것 입어 보았다. 검은 긴 바지가 가장 무난했지만 기장이 길었고 그 질질 끌리는 느낌이 싫었다. 오른쪽 옷장에 있던 짧은 청반바지를 꺼내 입어 보았는데 이번엔 너무 짧아서 별로였다. 어쩔 수 없이 조금 길더라도 검은 바지를 입을까 생각하고 있었는데, 세탁 후 말려 두었던 고등학교 시절 체육복 반바지가 눈에 들어왔다. 웬일인지 그걸 입어볼까 하는 생각이 들어 한번 입어 보았는데, 내가 바라던 그 길이, 그 느낌이 딱 나왔다. 무릎 정도 오는 적당한 길이의 건강하고 편한 느낌의 반바지. 기대도 안 했던 의외의 발견에 기분이 좋아져 입은 채 그대로 출발 시간을 기다렸다.

1시 45분쯤 집을 나서 공항으로 향하는 택시를 탔다. 택시에 오르니 이제 정말 떠난다는 실감이 나서 마음이 설레었다. 공항에 도착해 5번 게이트 근처에서 환전소를 찾았다. 그런데 아무리 찾아도 도저히 보이지가 않았다. 결국 안내 창구로 가서 환전소 위치를 물어보았는데, 여기는 3층이고 환전소는 1층에 있다고 했다. 물어보지 않았으면 미궁에 빠진 채로 계속 3층을 맴돌았을 거라 생각하니 역시 물어보길 잘했다고 생각했다. 1층 환전소에 가서 33,000엔을 환전했다. 내가 하루에 출금할 수 있는 금액의 전부이다. 처음에는 40,000엔 정도 가져가려 했던 터라 돈이 부족하지 않을까 우려도 했지만, 뮤지컬이나 다도 체험 같은 중요한 계획들에는 이미 다 비용을 냈으니 이 정도 금액이면 충분하리라 생각했다.

환전을 마치고 다시 3층으로 올라와 셀프 체크인을 했다. 이전에 공항 체크인 기계에서 애먹었던 기억이 있어서 잘 될지 걱정했는데 의외로 간단하게 끝났다. 이렇게 '의외로 쉽게 할 수 있다'

라는 경험이 쌓여 가면서 자연스럽게 많은 것을 알게 되는 게 아닌가 싶다. 수하물을 위탁하고 출국 수속을 밟았다. 집에서 떠나기 전 언니가 챙겨 준 작은 물병을 반입 수하물에 넣었는데, 규정인 100ml가 넘는 바람에 처분되었다. 고등학생 때 일본에서 귀국하면서도 생각했지만 출국 수속대를 지나면 면세점과 카페에서 100ml가 넘는 액체를 파는데 수속대에서는 처분되는 것이, 무언가 이유는 있으리라 싶지만서도 조금 안타까웠다. 수속을 마치고 게이트 앞으로 가니 탑승까지는 1시간 넘게 남아 있었다. 게이트 앞 의자에는 사람이 거의 없었다. 텅 빈 의자 중 하나에 앉아 잠시 있던 중, 조금 떨어진 곳에서 두 어린아이가 기둥 하나를 사이에 두고 빙글빙글 돌며 놀기 시작했다. 일본어를 사용하는 것으로 보아 일본으로 귀국하려는 아이들 같았다. 공항에서 비행기를 기다리는 게 지루할 만도 한데 즐겁게 노는 모습을 보니 나까지 기분이 좋아졌다. 비행시간 동안 지루하지 않도록 전자책 몇 권을 내려받아 두기로 했다. 어떤 것을 읽을지 살펴보다가, 온다 리쿠의 『꿀벌과 천둥』을 읽기로 했다. 국제 피아노 콩쿠르를 배경으로 펼쳐지는 연주자들의 이야기를 그린 소설인데, 분량이 꽤 길어서 고등학교 1학년 때 읽다가 도중에 그만뒀었다. 길이가 긴 책을 내려받아 두면 착륙도 전에 다 읽어 버리는 일도 없을 것이고 음악 소설을 읽는 것도 재미있을 것 같아서 골랐다. 읽은 지 오래된 탓에 소설을 읽기 시작할 때는 전에 읽은 내용이 기억이 전혀 나지 않았다. 나중에 기내에서 하루카(晴歌, 맑은 노래)와 카나데(奏, 연주)라는 이름의 자매가 각각 성악가와 바이올리니스트가 되었다는 대목을 읽고 나서야 이걸 여기에서 읽었구나 하고 기억을 해냈다. 어디서 보았는지는 잊었지만 자매 두 명이 각각 이름에 걸맞은 음악가가 되었다는 스토리만은 기억하고 있었기 때문이다. 아무튼 고등학교 때보다는 훨씬 내용 면에서 와닿았고 재미있게 읽었다.

이윽고 탑승 시간이 되어 비행기에 올랐다. 1시간 40분의 긴 비행을 어떻게 견디나 생각하면서도, 좌석에 앉으니 마음이 들떠서인지 책을 열어 볼 생각은 들지 않았다. 그러다가 비행기의 움직임이 안정되고 나도 비행 환경에 점차 적응하게 되어 책을 다시 읽기 시작했다. 그러다 중간에 비행기가 크게 흔들렸다. 하늘에 부딪힐 만한 것은 없을 텐데 무언가와 충돌한 것처럼 쿵 하는 충격이 있었다. 승객 중 몇 명은 소리를 질렀고 나는 좌석 양옆의 팔걸이를 꽉 잡으며 마음을 진정시키려고 애썼다.

오늘 항공기 충격 때문에 비행에 대한 두려움이 더 커졌다. 나는 원래 비행기 타는 걸 무서워하는 편이다. 아무것도 없는, 원래는 바람만이 가로지르기가 허용된 하늘을, 수많은 사람들을 실은 고철 덩어리가 뚫고 나간다는 것이 어쩐지 기묘하게 느껴지기 때문이다.

그런데도 사람들은 그게 얼마나 놀랍고도 무서운 일인지 모르는 것처럼 느껴진다. 이륙할 때 비행기의 날개를 보면, 이런 커다란 비행기는 대체 어떻게 만드는 건가 싶다. 기내의 승무원을 보면, 이 사람들은 어떻게 변수가 많은 비행이라는 일을 직업으로 하는 걸까 싶다. 청결한 발밑을 보면서, 이 청소하기 어려워 보이는 구조의 내부는 어떻게 다 청소하는 건가 생각한다. 좌석에 가만히 앉아 착륙하기까지 기다리기만을 할 수 있는 시간 동안 나는 내가 굉장히 무력하다고 느낀다.

무사히 착륙하고서야 안심할 수 있었다. 오사카에 왔다는 설렘과 고양감보다는 무사히 땅에 내렸다는 게 훨씬 중요했다. 비행기에서 내려 입국 수속을 밟고 전철을 타는 곳으로 향했다. 열차를 타기 위해서는 역에서 JR의 티켓을 발권받아야 했다. JR은 일본 전역의 여객 철도를 운영하는 회사의 통칭이며 Japan Railroad의 약자이다. 티켓을 사는 곳이 여러 곳이라 처음에는 헤맸지만, 발권 기계로 몇 번 시도한 결과 다행히 티켓을 발권할 수 있었다. 티켓을 들고 개찰구에 들어가고도 어떤 열차를 어디서 타야 할지 몰라서 몇 차례 헤매다가 역무원에게 열차 타는 방법을 물어보았다. 오사카역에 간다고 말하니 곧 오사카행 열차가 들어온다고 하여 안내받은 대로 열차를 기다렸다. 기다리며 손에 든 티켓을 살펴보았는데, 티켓에 지정석이라고 적혀 있었다. 그런데 지정된 좌석 번호가 나와 있지 않아서 아까 그 역무원에게 "지정석인데 번호가 없어서요. 어느 좌석에 타야 하나요?" 하고 물어보았다. 설명을 들어 보니 그 티켓을 다시 발권 기계에 넣어서 지정석 번호를 받았어야 지정석에 앉을 수 있는 거라고 한다. 나는 번호를 받지 않았으니 자유석 칸에 타면 되는 거였다. 이윽고 열차가 들어왔고, 나는 몇 명의 여행객들과 함께 오사카행 열차에 올랐다. 열차 안은 만석이라 서서 가야 했지만 그것도 기차 여정다워서 좋다고 생각했다. 특급 열차인 만큼 멈추는 역도 텐노지, 오사카, 신오사카, 타카츠키 네 곳밖에 없었다. 열차는 엄청난 속도로 달리는데도 흔들림이 거의 없이 안정적이었다. 간사이 공항에서 열차가 출발하고 조금 지나니 저 멀리 커다란 녹색빛 관람차가 보였다. 그 뒤에도 나는 창밖을 주시했는데, 창밖 풍경은 기대했던 만큼 이국적이고 색다르게 느껴지지는 않았다. 아마도 내가 일본어를 오랜 기간 접해 익숙해져 있는 탓일 것이다. 7시 20분경에 간사이 공항에서 출발한 열차는 7시 50분경에 텐노지에서 정차하고, 8시 10분경에 오사카에 도착했다. 열차 안에는 한국인이 꽤 많았던 만큼 대부분 오사카에서 내릴 줄 알았는데 생각보다 오사카에 내린 인원은 적었고 출구로 향하는 건 서너 명뿐이었다. 그마저도 역에서 나오니 흩어져, 역 밖에서는 완전히 혼자가 되었다. 공항과 열차에서 함께 있었던 승객들은 다 어디 갔나 싶을 정도로 완전한 혼자가 되었다.

이제부터는 진짜 개인행동이다. 열차에서까지는 핸드폰에 인터넷 연결이 안 되어 있었는데 호텔까지 찾아가려면 아무래도 지도 앱이 필요해서 역을 나서기 전 데이터 연결을 했다. 구글 지도에 호텔 이름을 입력하고 안내대로 따라가려고 했는데, 국내 지도 앱보다도 GPS 정확성이 떨어지고 경로도 점선으로 표시되는 바람에 예상보다도 길 찾기가 어려웠다. 도중부터는 아예 지도에서 제시하는 경로는 무시하고 아무튼 방향만 맞게 찾아가는 것으로 전략을 바꿨다. 호텔까지 가는 길에는 술을 파는 식당이 즐비한 거리가 있었다. 그 거리에 놀랍게도 츠유노텐 신사가 있었다. 츠유노텐 신사는 영원한 사랑을 기원하는 연인들이 찾는 아름다운 신사라고 들었고 내일 아침에 산책차 가기로 정해 두었던 곳이었다. 그런데 그 거리는 사랑을 이뤄 준다는 신사가 있기에는 너무나 난잡한 거리였기에, 내일 오더라도 상쾌하게 산책할 수 있다는 기대는 그다지 하지 않는 게 좋겠다는 생각이 들었다. 조금 걷다 보니 퇴폐 업소의 광고 팻말을 들고 홍보를 하는 여자들이 보였는데 여행까지 와서 그런 모습을 보게 되어서 씁쓸했다. 퇴폐 업소야 내가 사는 지역에도 있지만 이렇게 여자들이 직접 가게 밖에 나와서 손님을 모으는 모습은 처음 봤다. 호텔까지 오는 길은 술과 오락의 거리 같은 느낌이었고 골목도 어두워서 무서웠다. 호텔에 도착한 시각은 8시 50분이었다. 호텔을 예약할 때 예상 도착 시간을 넉넉잡아 9시로 설정했는데 시간을 여유 있게 생각해 둔 게 다행이었다. 무사히 호텔에 도착해서 안심이었고 프런트의 직원도 친절했다. 방으로 들어갔는데, 가격이 저렴한 곳이라 좋은 컨디션을 기대하기는 어렵다는 걸 감안하고서도 방의 수준이 낮았다. 종이 벽지에서는 청결한 느낌이 들지 않았고, 화장실의 변기와 세면대는 옥색이었다. 복도나 다른 방의 소리가 꽤 크게 들렸고, 슬리퍼조차 부직포로 된 일회용 슬리퍼였다. 그래도 커다란 책상이 구비되어 있는 것은 좋았다. 내 기준으로는 호텔이라고 칭하기 어려운 공간이었는데 가격과 입지, 서비스로 어떻게든 장사를 해내고 있는 것을 보고 이런 비즈니스 생존 정신을 보고 배우자고 생각했다.

캐리어를 내려놓고 양치와 간단한 채비를 한 뒤 저녁 식사를 하러 나섰다. 원래 가려고 했던 식당이 지도상의 위치에 없어서, 다른 곳들을 둘러보다가 히로(ひろ)라는 오코노미야키 가게에 들어갔다. 이곳은 사전에 조사하지 않았던 곳이고 오늘 저녁으로는 중화요리를 먹을 계획이었기 때문에 꽤 돌발적인 선택이었던 셈인데, 오사카에서의 첫날을 오코노미야키로 장식하는 것도 나쁘지 않다고 생각했다. 가게 안에는 다행히 혼자서도 먹을 만한 작은 테이블이 있었다. 가게의 인기 메뉴는 마늘 야키소바인 모양이었는데 나는 돼지고기 오코노미야키와 채소볶음을 주문했다. 가게 안에는 유명인들의 사인이 가득 걸려 있었고 그중에는 Super beaver, 츠지 아야노, She's처럼 내가 아는 가수들도 있어서 신기했다. 채소볶음이 먼저 나왔는데, 채소만 있는 것은 아니고 돼지고기와 달걀을 넣어서 같이 볶은 요리였다. 피망과 당근

이 아삭하면서도 기름기를 머금고 있어서 맛있었다. 곧이어 나온 오코노미야키는 혼자서도 충분히 먹을 만한 적당한 크기였다. 소스가 주된 맛을 냈고 보들보들한 반죽을 음미하며 먹으니 좋았다. 철판에 구운 요리만 먹으니 조금 변화를 주려고 도중에 밥과 배추절임을 추가 주문했다. 점원이 밥은 다 떨어졌다고 해서 배추절임만 부탁했고 절임은 미리 준비되어 있던 모양인지 주문하니 거의 바로 나왔다. 겉모습도 맛도 백김치와 흡사했지만, 백김치보다는 조금 더 가볍고 상쾌한 느낌이었다. 남은 오코노미야키를 배추절임과 먹으니 궁합도 잘 맞아서 주문하길 잘했다고 생각했다. 식사의 총가격은 약 2,200엔이었다. 만족스러운 식사였다.

식사를 마치고 로손(LAWSON) 편의점으로 가서 물 두 병과 서로 다른 푸딩 세 개를 구매했다. 호텔까지 무사히 돌아오고 다음 날 일정에 대해 잠시 생각 정리를 한 뒤 푸딩을 먹기 시작했다. 이번에 산 푸딩 세 개는 모두 기대 이하였다. 저지 우유푸딩(ジャージー牛乳プリン)은 내 입에는 다소 느끼했고 크림소스 가득한 커피 젤리(たっぷりクリームソース珈琲ゼリー)는 처음에는 커피 맛이 진하다 싶었는데 먹을수록 밍밍해졌다. 달걀 푸딩(たまごのプリン)은 식감 자체가 부서지는 듯 딱딱해서 입에 맞지 않았다. 고등학생 때 일본에 왔을 때 맛있게 먹었던 푸딩이 있는데, 이름이 기억나지 않아 그때 찍었던 사진을 보았다. 사진을 보니 가장 맛있었던 푸딩은 가마에서 꺼낸 부드러운 푸딩(窯出しとろけるプリン)인데, 훼미리마트에 판다고 하니 귀국 전 꼭 들러서 사야겠다고 생각했다.

편의점까지 들렀다 호텔로 돌아와 목욕을 마치니 상쾌하기 그지없었다. 처음에는 호텔이 마음에 안 들었지만 따뜻하게 목욕할 수 있고 시원한 에어컨과 함께 휴식할 수 있는 공간이 있어 감사하다는 생각이 들었다. 글을 쓰다 보니 시간은 밤 1시 30분이 되었다. 원래 계획으로는 12시쯤에 잘 생각이었는데, 호텔에 도착한 시간 자체가 늦다 보니 이렇게 되었다. 아직 다음 날의 계획이나 준비는 마치지 못했지만, 슬슬 잘 준비를 하기로 했다.

처음 혼자 걸어보는 오사카 거리는 꿈이 아니었다. 비일상도 현재가 되면 일상의 옷을 입는다.

여름 2: 오사카

2023. 7.28. (금)

8시 30분에 기상했다. 양치와 세안을 마친 뒤 책상에 앉아서 하루의 일정과 방문할 장소들을 점검했다. 이날은 예약된 일정은 없고 두 발로 자유롭게 오사카 일대를 돌아다니며 구경할 생각이었다. 생각해 둔 주요 방문 장소는 다음과 같았다. 츠유노텐 신사, 오사카 부립 나카노시마 도서관, 나카노시마 장미 정원, 오사카 텐만구, 헵파이브 대관람차, 우메다 공중정원. 하루 일정의 윤곽을 잡은 뒤에는 1층의 식당으로 향했다.

1층으로 내려가면서 이 호텔은 조식이 맛있다는 평이 많았다는 것을 떠올렸다. 내심 기대가 되면서도, 그래도 어디까지나 호텔 조식인 만큼 너무 기대를 품는 것도 어불성설일 수 있겠다는 생각이 들었다.

식당에 들어서니 현지인이 아닌 외국인 직원이 무척 친절하게 안내해 주었다. 조식은 뷔페식이었는데, 우선 구성을 보고 가슴

이 뛰었다. 날달걀, 낫토, 연두부 등 일본의 평범한 가정식에 있을 법한 음식들이 있었다. 일본에 오더라도 식당에서 은근히 찾기 힘든 소박한 재료들인 것이 도리어 좋았다. 두부는 작은 정육면체 모양으로 썰어져 작은 그릇에 담겨 있었고, 달걀 쪽에는 '하루에 달걀 한 알(一日いちたまご)'이라는 문구가 적혀 있었다. 낫토 쪽에는 '낫토를 먹자(納豆を食よう)'라는 문구와 함께 낫토의 건강상의 이점이 적혀 있었다. 나는 밥, 된장국, 닭튀김, 달걀말이, 샐러드, 두부, 낫토를 담아 식사를 시작했다. 밥은 굉장히 맛있었다. 닭튀김의 식감이나 두부의 부드러움도 좋았지만, 무엇 하나 특출난 반찬이 있다기보다는 모든 반찬이 조용히 제 본분을 다하고 있고 그 모든 것이 조화로워서 맛있다는 느낌이었다. 처음이라 기대했던 낫토는 동봉된 간장과 겨자를 조금 넣고 젓가락으로 몇 번 휘저어 먹어 봤는데, 예상보다도 맛이 강해 입 안의 다른 반찬들의 맛을 모두 압도했다. 다른 반찬의 맛은 모두 눌리고 낫토의 맛만 느껴져서 조금씩만 먹어야겠다고 생각했다. 달걀말이에서는 달걀 맛이 별로 안 났고 액체 같은 식감이라 그렇게 맛있지는 않았다. 전체적으로는 굉장히 맛있었기 때문에 스스로도 놀랄 만한 속도와 기세로 먹었다.

밥을 반쯤 먹고는 날달걀을 깨서 밥 위에 올렸다. 젓가락으로 달걀과 밥을 휘저으니 밥이 황금색으로 변해 갔다. 처음에는 달걀의 고소함이 밥알 사이에서 부드럽게 느껴져 맛있었지만, 빠른 속도로 먹은 탓인지 금방 배가 찼고, 식으면서 점점 느끼해지는 바람에 모두 먹지는 못했다. 적당히 배가 불러와 식사를 멈추고 따뜻한 녹차를 한 잔 마셨다. 티백에 담긴 평범한 녹차였지만 녹차의 맛과 향이 꽤 강했다.

아침 식사를 마치고 방으로 올라와 나갈 채비를 했다. 하얀 셔츠 원피스는 오늘의 나들이에 아주 잘 어울릴 것 같았다. 삼각대 사용을 몇 번 연습하고, 햇살을 막아 줄 하얀 모자를 머리에 쓰고는 10시가 조금 지난 시각에 호텔을 나섰다. 가장 먼저 츠유노텐 신사를 향해 걸었다. 어제는 신사 주변의 분위기 때문에 실망했는데, 아침의 거리는 꽤 한산해서 처음과 같은 나쁜 인상은 별로 들지 않았다. 신사 내부의 분위기는 밖과 전혀 달랐는데, 밝은 녹색을 내뿜는 나뭇잎들이 상쾌하고도 고즈넉한 분위기를 선사했고 여기저기 질서 있게 걸려 있는 에마[1]들이 '신사'다운 느낌을 풍겼다. 에마를 파는 곳 옆에 대나무로 만들어진 손 씻는 곳이 있어 그곳에서 손을 씻었다. 손이 머금고 있던 태양열이 시원한 물에 씻겼다. 그러고는 하트 모양 에마를 하나 샀다. 특별히 연모하는 사람이 있는 것은 아니었지만 응원하고 싶은 사람이 한 사람 있었다. 신사까지 오는 길에 에마에 쓸 말을 생각해 두었기 때문에 펜을 들고는 이내 쓰기를 마쳤다. 메시지는 일본어로 썼다. 생각했던 말을 모두 쓰고도 마지막에 공간이 약간 남아 '건강하게

---

1 絵馬 - 신사에서 소원을 적어서 걸어 두는 작은 나무판.

있어야 해!'라는 말을 덧붙였다. 메시지를 적은 에마를 걸고, 이번에는 참배하는 곳 앞으로 갔다. 그 앞에도 에마들이 걸려 있었는데, 누군가가 갓 태어난 아이를 생각하며 '어서 무럭무럭 자라 말할 수 있게 되기를.'이라고 쓴 것을 보고 마음이 따뜻해졌다.

츠유노텐 신사를 나서 오사카 부립 나카노시마 도서관을 향해 걷기 시작했다. 가는 길에는 육교와 강이 있어서 걷는 재미가 쏠쏠했다. 제주에서는 육교나 강을 볼 일이 없다. 그때 본 강의 이름은 토사보리 강(土佐堀川), 내가 건넌 다리는 오오에 다리(大江橋)였다. 다리를 건너니 커다란 오사카 시청 건물이 보였다. 나카노시마 도서관은 오사카 시청 바로 옆에 위치한 것으로 알고 있었기에 시청 건물을 따라 걸으며 도서관을 찾아보았는데 좀처럼 보이지 않았다. 지도에 경로를 검색해서 몇 번 더 주위를 둘러본 끝에 겨우 도서관 입구를 찾았다. 도서관 입구는 시청 건물과 마주보고 있었는데 대학 건물의 일부처럼 역사와 질량이 느껴지는 건물이었다. 어린아이 두 명이 있는 일본 가족과 여행객으로 보이는 부녀가 도서관으로 들어가는 모습이 보였다. 오래돼 보이는 계단을 밟아 내부로 들어가 층별 안내도를 보았다. 1층은 신문실, 2층은 비즈니스 자료실, 3층은 전시실로 구성되어 있었고 당연히 있을 거라 생각했던 일반 열람실은 없었다. 계단을 따라 올라가 3층에 다다르니 오사카의 재해에 관한 전시가 있었다. 박물관처럼 고서들이 전시되어 있었고 우선 쭉 둘러보며 분위기를 맛봤다. 전시실을 금방 다 돌고는 전시물마다 달린 설명을 읽어 보았다. 가장 먼저 읽은 것은 수해(水害)에 대한 설명이었다. 오사카는 물 덕분에 번성한 도시이지만 물은 때때로 재난을 가져온다는 내용이 있었다. 다음으로는 화재에 대해 읽었다. 그다음은 지진에 대해, 기근에 대해, 역병에 대해 읽어 나갔다. 기근(飢饉)과 역병(疫病)은 모르는 한자였는데 그 자리에서 바로 검색해 의미와 읽는 방법을 알았다. 3층 전시관 구경을 끝내고는 지하처럼 보이는 1층으로 내려가 신문실을 구경했다. 신문실은 가볍게 방문한 사람이라면 찾지 못할 정도로 안쪽에 있어서 이런 곳에도 열람하러 오는 사람이 있나 싶었는데, 들어가 보니 신문을 읽는 사람이 서너 명쯤 있었다. 입구와 가까운 곳에는 오늘 날짜의 신문이 신문사별로 비치되어 있었다. 매일 당일의 신문을 비치하려면 꽤 정성이 들어갈 거라고 생각했다. 신문들을 헤드라인 위주로 간단히 읽어 보았는데, 어느 신문 아래쪽에 실려 있던 창작한자 대회 광고에서 재미있는 창작한자를 봤다. 八의 탁점[2]을 두 개의 七로 써넣어 바나나라는 의미를 표현한 것이었는데 참신하고 재미있었다.

도서관에서 나와서 이번에는 장미 정원을 향해 걷기 시작했다. 도서관 바로 옆에는 중앙 회의소로 보이는 건물이 있었다. 건물은 멋졌지만 공사 중이라 제대로 구경할 수는 없었다. 도서

2 일본어에서 문자의 우상단에 붙이는 기호로, 〃와 같이 점을 두 번 쓴다.

관과 장미 정원이 있는 곳은 나카노시마(中之島)라는 도심 섬으로 조성된 모양이었고, 장미 정원까지 가는 길에도 공원이 펼쳐져 있어 좋았다. 얼마간 걷다 보니 장미 정원의 표지판이 보였다. 표지판의 지시에 따라 계단을 내려가 믿을 수 없을 정도로 천장이 낮은 터널을 지나니 눈앞에 장미 정원이 펼쳐졌다. 비밀 통로 같은 터널을 지나 정원에 도착할 줄은 몰랐기 때문에 얼떨떨했다. 그곳은 식물원 같은 유료 정원이 아니라 장미와 다른 꽃들이 심어진 무료 공원이었다. 장미는 많이 피어 있지는 않았다. 하지만 드문드문 피어 있는 장미라도 햇살을 받으니 밝게 빛나 보기 좋았고, 나무와 풀들도 장미 주변에서 색채를 더해 주었다. 조금 피어 있는 장미를 구경하며 거닐다 보니 금세 더위가 느껴졌다. 호텔에서 나오고 나서는 잠시 도서관에 들른 것 말고는 줄곧 밖에서 걷기만 했으니, 잠시 그늘에 앉아 더위를 식히기로 했다. 벤치에 앉아 장미 정원의 모습을 눈에 담는데, 장미를 배경으로 사진을 찍으러 온 2인조의 촬영 팀이 보였다. 이렇게 날씨가 좋으니 멋진 사진이 찍히겠다는 생각이 들었다. 쉬면서 다음 목적지인 오사카 텐만구(大阪天満宮)까지의 위치를 확인했다. 텐만구는 949년에 지어진 신사로, 일본의 3대 축제 중 천신제(天神祭)가 열리는 곳이기도 하다. 확인해 보니 텐만구는 걸어서 10분도 채 걸리지 않는 거리에 있었다.

더위도 한소끔 식혔으니 바로 텐만구로 가기로 했다. 도서관

쪽으로 돌아가지 않고 반대쪽인 잔디 정원을 향해 걸어 나갔다. 텐만구까지의 길은 도로와 건물들이 들어서 있어 특별하다기보다는 평범하고 익숙했다. 도로에서 골목 쪽으로 들어가자 텐만구의 모습이 보이기 시작했고 가까운 곳에 '향이 훌륭한 커피(香りの高い珈琲)'라는 문구가 있는 아늑한 카페가 보였다. 그 문구가 왠지 끌렸다. 우선은 텐만구를 구경하자 싶어 입구 쪽으로 들어갔는데, 신사 내부는 공사 중이었는지 포크레인이 들어서 있었다. 포크레인을 지나 안으로 들어갔고 경내는 그리 넓지 않았다. 이름이 높은 신사인 만큼 규모가 클 줄 알았는데 그렇지는 않았고 분위기만 놓고 본다면 아침에 갔던 츠유노텐 신사가 더욱 다채로웠다. 경내를 조금 돌아보고는 텐만구에서 나와 아까 보았던 카페에 들어갔다. 카페 이름은 로만야(浪漫屋)였다. 문을 여니 연한 색의 나무로 만들어진 기다란 카운터석이 가장 먼저 보였고 마스터와 점원이 한 명씩 있었다. "어서 오세요."라는 점원의 인사를 들으며 전체적으로 골동품 같은 느낌을 물씬 풍기는 가게 안으로 들어갔다. 카페의 마스터는 나이가 지긋했지만, 풍채가 좋아 여유와 멋을 풍겼다. 카페 안을 보니 테이블도 있었지만 카운터석 의자가 더 많아 혼자 편하게 마실 수 있는 분위기였다. 신문을 보며 커피를 마시는 중년 샐러리맨 한 명이 카운터석에 앉아 있었다. 그 사람으로부터 의자 세 개 정도 떨어진 자리에 앉았더니 중년 여성 점원이 물수건과 얼음물을 가져다주었다. 주

문을 하기도 전에 물수건과 얼음물부터 받아서 조금 놀랐다. 곧 메뉴판을 살펴보며, 날씨가 더웠지만 향이 훌륭한 커피라는 문구에 이끌린 만큼 뜨거운 커피를 마시기로 정했다. 그리고 메뉴판 가장 위에 적힌 마일드 커피를 한 잔 주문했다. 마스터가 커피를 만드는 과정을 보니 핸드드립도 아니고 에스프레소도 아니었다. 비커에서 커피가 부글부글 끓는 것처럼 보여 마치 과학 실험 같았다. 이윽고 커피가 나왔는데, 아주 뜨거워 보여서 바로 마시지 않고 적당히 식을 때까지 잠시 기다렸다. 최고의 향을 선사하기 위해서 바로는 마실 수 없을 정도로 뜨겁게 제공하는 것이 마스터의 고집일 것이다. 과연 향을 강조하는 커피점답다고 생각했다. 커피의 맛은 강렬한 향과는 사뭇 달리 부드러웠다. 천천히 음미하면서 반쯤은 그대로 마시고, 잔에 커피가 반쯤 남았을 때 크림을 넣어서 마셨다.

커피점에서 휴식을 취하고 시계를 보니 시간은 아직 12시 45분이었다. 점심을 먹기에는 조금 이른 감이 있어서, 주위를 조금 더 걸어 보고 점심을 먹기로 했다. 지도로 걸을 만한 곳을 찾아보니 근처에 타키가와 공원이 있어 그쪽에 가보자고 생각했다. '아무것도 없지만 그 점이 오히려 좋다'는 리뷰로 보아 특별한 점은 없는 동네 공원인 것 같았지만 그 '아무것도 없지만 그 점이 오히려 좋다'는 게 왠지 좋아서 가 보기로 했다.

커피점에서 5분 정도 걸어 공원에 도착했는데, 모래밭과 나무와 벤치가 마련되어 있어서 아이들이 놀기에 좋을 것 같았다. 잠깐 그늘에 앉아서 숨을 돌린 뒤 점심을 먹으러 갔다.

점심 식사는 텐진 스시(天神寿司)에서 했다. 전날 알아본 곳이었는데, 예약하지 않아도 식사할 수 있는지는 몰랐지만 들어가 보기로 했다. 다행히 자리도 있었고 예약 없이도 식사할 수 있다고 해서 안내받은 자리에 앉았다. 메뉴판을 받았지만, 글씨가 흘림체라 거의 읽지 못했다. 점원에게 런치 세트가 있냐고 물었더니 지금 시간에는 런치 세트가 기본이라며 바로 주문을 받아 주었다. 아까 갔던 커피점에서처럼 카운터석에서 식사했는데, 스시 가게였으므로 말하자면 오마카세였다. 오마카세를 예약도 없이 이렇게 바로 준비해 준다는 데에 일단 놀랐다. 스시는 빠르게 나왔고 차완무시[3] 등도 제공되었다. 스시에 올라간 생선의 이름들이 다 기억나지는 않지만 얇은 녹색 채소를 올린 스시는 독특하게 느껴졌고 맛도 상큼해서 기억에 남는다.

가게에서 나와 가게 앞에 놓인 나무 메뉴판을 보고서야 내가 주문한 것이 런치 니기리즈시[4] 오마카세였다는 것을 알았다. 과연 내가 먹은 것은 모두 니기리였다. 군함이나 캘리포니아 롤보다도 니기리즈시를 좋아하는 나로서는 요행이었다고 생각했다.

---

3 茶碗蒸し - 일본식 달걀찜. 둥근 원통에 푼 달걀과 담백한 육수, 표고버섯 등을 넣고 찐 요리이다.

4 握り寿司 - 밥 위에 와사비와 생선을 올려 만든 스시.

점심도 배부르게 먹었으니 걸을 힘도 생겼다. 다음 목적지인 히가시 거리(東通り)를 향해 걷기 시작했다. 큰길을 따라 걸으며 커다란 건물이나 가게 등도 많이 볼 수 있었다. 다만 히가시 거리에는 눈에 띄는 볼거리가 없었고 가려고 했던 유키노시타 디저트 가게도 찾을 수 없어서 오래 머무르지 않고 다시 큰길로 나왔다. 밖에서 대책 없이 서 있을수록 더워지기만 하니, 우선 근처 카페에 들어가기로 하고 니시무라 커피점(にしむら珈琲店)이라는 곳에 갔다. 가게 앞에 도착하니 since 1948이라고 적혀 있어 전통이 느껴지는 동시에, 아까 갔던 로만야와는 달리 규모가 커서 말하자면 프랜차이즈 카페 같은 느낌이었다. 가게에 들어서서 디저트를 구경하고 있었는데, 점원이 와서 한 명인지 물어보고는 바로 자리로 안내해 줬다. 당연히 카운터에서 커피와 디저트를 주문하고 들어갈 생각이었는데, 점원에게 이끌려 자리에 앉아 메뉴판과 물을 받게 되어 조금 놀랐다. 한국과 달리 일본의 카페에서는 기본적으로 음식점처럼 점원이 물과 메뉴판을 가져다준다는 것을 알았다. 남자 직원은 짐을 놓을 바구니까지 줬다. 내 짐이라고는 작은 손가방과 핸드폰밖에 없었는데. 아무튼 메뉴판을 살펴보고, 이번에는 아이스 커피를 한 잔 주문했다. 커피는 금방 나왔고 뜨거운 태양 아래에서 걷다가 시원한 커피를 마시니 잠시나마 열기가 날아가는 것 같았다. 커피를 마시고 지금까지 찍었던 사진을 확인하는 것 이외에는 특별히 무언가를 하지

않았는데도 시원한 데에서 휴식을 취하고 있자니 시간은 금방 갔다. 3시 15분쯤 카페에서 나와 돈키호테를 향해 걸었다. 돈키호테는 일본 여행 쇼핑 코스로 자주 언급되는 할인 잡화점인데, 곧 탑승할 대관람차 바로 옆에 있어 구경차 들르기로 했다. 돈키호테 근처까지 오니 바로 옆에 빨간 헵파이브 대관람차가 보였고 가까이에서 보니 그 크기가 꽤 위압적이었다. 이따가 저것을 타러 간다고 생각하니 조금 떨렸다. 돈키호테에 들어갔더니 사람이 아주 많은 데다 환기가 안 되는 것 같은 폐쇄적인 분위기가 느껴져서 썩 좋지는 않았다. 1층에는 과자 등 간식거리가 있었는데 그쪽에는 관심이 없으니 2층으로 올라갔는데도 딱히 사고 싶은 게 없었다. 나가고 싶어져서 내려가는 계단을 찾았는데 방향을 꽤나 헤맸다. 1층으로 내려오고도 출구가 안 보여서 가게 안에서 빙빙 돌았다. 출구를 찾아 사람들 틈을 살피며 움직인 결과 다행히 그렇게까지 오래 걸리지 않고 나갈 수 있었다.

돈키호테 앞의 횡단보도를 건너면 대관람차가 있는 헵파이브 쇼핑몰이 있었다. 헵파이브 쇼핑몰 앞은 인산인해였다. 입구에 들어서서는 1층을 둘러보았는데 서울의 공항 쇼핑몰과 별다를 것 없는 모습이었다. 고급스러워 보이는, 내가 갈 일은 없을 것 같은 옷 가게들과 액세서리 가게들을 뒤로 하고 2층으로 향했는데 분위기가 1층과 크게 다르지는 않았다. 다시 1층으로 내려와 층별 안내도에서 대관람차를 타려면 7층으로 가야 한다는 것을 확인했다. 안내 직원에게 7층으로 가는 것이 맞는지 재차 확인하고 엘리베이터로 향했다. 엘리베이터는 벽면이 투명해 안팎을 서로 볼 수 있는 구조였고, 엘리베이터가 오기까지는 꽤 시간이 걸렸다. 같이 기다리는 사람 중에는 한국인 가족도 있었다. 어린 남자아이가 두 명 있었는데 여행지에서 투정을 부렸는지 어머니가 아이들을 가볍게 꾸짖고 있었다.

7층에 도착해서 직진하니 티켓 확인소가 있었다. 그 오른편에 자동 발권기가 있어서, 미리 내려받아 둔 QR코드를 이용해 표를 받았다. 받은 표를 접수 직원에게 보여 주고 줄을 섰다. 줄은 생각보다 길지 않았다. 기다리는 곳에서도 빨간 대관람차의 일부를 볼 수 있었는데, 새삼 아주 높은 곳까지 올라갈 것 같다는 느낌이 들었다. 기다리는 사람, 내리는 사람 중 아이들도 많았는데, 아이들에게 이건 과연 무서운 경험일지 즐거운 경험일지 궁금해졌다. 어린 시절의 내게 대관람차를 탈 기회가 있었다면 분명 몹시 즐거워했을 것 같긴 하다. 무서움이라는 것은 의외로 세상의 많은 것들을 알면서 더 많이 생겨나는 것일지도 모르겠다.

내 차례가 다가오니 은근히 긴장됐다. 회전하는 관람차의 한 칸에 발을 들였고, 문은 밖에서 닫혔다. 칸 안에는 밝은 햇빛이 그대로 들어왔고 빨간 페인트에 햇빛이 비치면서 독특한 분위기를 냈다. 관람차가 돌아가는 속도는 빠른 건지 느린 건지 가늠하기가 어려웠다. 그렇지만 바깥 풍경의 변화를 통해 내가 조금씩 올라가고 있다는 걸 알 수 있었다. 이내 가장 높은 곳에 다다르기 시작하면서 이렇게 간단히 상공 몇십, 몇백 미터 위로 올라올 수 있다는 게 새삼 경악스럽게 느껴졌다. 지금 찾아보니 햅파이브 대관람차의 높이는 106m라고 한다. 높이가 높아질수록 관람차가 움직이는 속도가 느리게 느껴져서 무서웠는데, 아마 원의 가장 윗부분이라 움직이는 궤도가 수평선에 가까워서 그렇게 느껴졌으리라 생각한다. 대관람차의 가장 높은 포인트에 다다랐다는 것은 이미 그 지점을 지나고 내려가면서야 알았다. 그때부터는 긴장이 풀리면서 두려움도 덜해졌다.

관람차에서 무사히 내려 7층 에스컬레이터 쪽으로 향하려고 했는데, 기둥에 예전에 재미있게 봤던 만화 「약속의 네버랜드」의 일러스트가 있어서 반가웠다. 다시 보니 그 기둥 앞은 소년 만화 굿즈를 파는 매장이었다. 모처럼이니 구경이나 해 보자 싶어서 들어갔지만 내가 좋아하는 작품은 딱히 없었다. 좋아하는 작품의 굿즈가 없었다기보다는 아는 작품의 굿즈가 없었다는 게 더 알맞은 표현일 것이다. 어렸을 때는 만화를 좋아했으니까 어린 시절의 내가 애니메이션 매장에 왔다면 아주 즐거워했을 텐데, 이렇게 무신경해진 데에 대해서는 성장했다고 봐야 할지 아쉬운 일이라고 봐야 할지 조금 망설여졌다.

쇼핑몰에서 나가도 별달리 할 게 없었기 때문에, 7층에서 에스컬레이터를 타고 내려가면서 한 층씩 둘러보기로 했다. 처음 쇼핑몰에 들어왔을 때는 1층의 분위기에 압도되어 옷은 사지 않겠다고 생각했는데 5,000엔까지라면 사도 좋겠다고 생각을 바꿨다. 6층에서는 단정하고도 세련되어 보이는 남색 니트 원피스가 눈에 들어왔다. 둘러보고 달리 사고 싶은 것이 없으면 이걸 사자고 생각하고 한 층씩 내려가며 구경했다. 2층까지는 내가 입고 싶은 스타일의 옷이 별로 없었다. 그래도 내가 시도하지 않는 스타일의 옷들을 구경할 수 있는 건 재미있었는데, 특히 고스로리[5] 옷 가게가 몇 개고 있는 것이 특이했다. 저런 옷을 대체 언제 입는 건지 궁금하긴 했지만 출근을 위한 옷과 휴식을 위한 옷이라는 분류 이외에도 멋을 위한 옷이라는 카테고리를 가진 사람이 많은 것 같으니 이상하게 생각하지 않기로 했다. 이외에도 스트릿 색이 강하게 묻어나는 티셔츠나 카고바지도 있는 등 개성의 스펙트럼이 넓고 각 스타일이 매우 본격적이라는 생각이 들었다.

1층에서는 학원에 입고 갈 만한 셔츠를 파는 가게를 발견했다. 학원에서 초등학생들에게 영어를 가르치는 일을 하고 있기 때문에 단정하면서도 색채감이 있는 옷에 눈이 간다. 나의 눈길을 끈 것은 가슴 부분에 리본이 달린 분홍 여름 셔츠였는데, 내가 평소에 입는 스타일보다는 화려하면서도 단정함을 잃지 않은 디자인이라 관심이 갔다. 그 옷부터 시작해서 어떤 옷이 입기 편하고 세

---

5 고딕풍의 로리타 패션. 프릴이나 레이스가 달린 원피스가 대표적이다.

탁하기 좋을지 고르고 골랐다. 고심 끝에 처음 본 것과는 약간 디자인이 다른 분홍 리본 셔츠를 골랐다. 분홍 셔츠 외에도 보자마자 마음이 간 밝은 파란색의 민소매 셔츠도 구매했다. 매우 시원하고 산뜻해 보여서 여름이라는 계절에도, 가볍게 자른 나의 단발머리에도 잘 어울릴 것 같았다.

쇼핑을 마치니 5시 20분 정도가 되었다. 달리 하고 싶은 것도 없어 바로 우메다 공중정원을 향해 걷기 시작했다. 우메다 공중정원은 빌딩에서 야경을 볼 수 있는 전망대다. 길거리에는 사람이 많아 번화가라는 느낌이었고 많이 덥지도 않았다. 도중부터는 길이 조금 특이했는데 보아하니 신(新) 오사카 시티라는 곳을 조성 중인 것 같았다. 공사용으로 세워진 컨테이너 소재의 벽 사이로 공중정원을 향해 계속 걸었는데, 공중정원 입구에는 토리이[6] 같은 장식과 등롱들이 있었다. 현대적인 분위기의 스카이빌딩과는 조금 동떨어져 있다고 생각하면서도 안쪽으로 발을 옮겼다. 스카이빌딩 아래쪽에는 꽤 사람이 많았고 특히 아이들과 함께 온 가족들이 많았다. 주위의 이야기를 들어 보니 오늘이 마츠리[7]라던 것 같았는데 어떤 마츠리가 어디에서 열리는지는 딱히 궁금하지 않아서 듣고 넘겼다.

---

6 鳥居 - 일본 신사 입구에서 주로 볼 수 있는, 두 개의 기둥과 그 위에 놓인 가로대로 구성된 관문.

7 祭り - 일본의 전통 축제.

야경을 보러 가기에는 아직 시간이 일러 빌딩 바깥에서 잠시 시간을 보내려고 했는데, 쇼핑하면서 오래 걸어 지친 상태라 일단 빌딩에 들어가기로 했다. 매표소에서 표를 확인받고 39층까지 가는 엘리베이터에 올랐다. 엘리베이터는 엄청난 속도로 수직으로 상승했고 고도가 높아지고 있다는 것이 심장으로 느껴졌다. 아무 생각 없이 표를 예약해 버렸지만, 상당히 무서운 장소에 와 버린 것 아닌가 하는 생각이 들었다. 엘리베이터에서 내려서는 에스컬레이터를 탔는데, 엘리베이터에서와 마찬가지로 이곳의 고도를 실감했다.

39층에 다다라서 제대로 된 바닥을 밟으니 다행히 무섭지 않아졌다. 기념품 가게를 잠시 둘러봤는데, 각종 성씨가 새겨진 엠블럼을 팔고 있어서 신기했다. 인구수가 많은 성씨만 있는 것이 아니라 들은 적 없는 특이한 성씨까지 있어서 재미있었다. 그 옆에는 이름 엠블럼도 있었는데 이쪽도 역시 이름에 쓰는 걸 본 적도 없는, 어떻게 읽어야 할지도 모르겠는 한자까지도 있어서 수요가 있을까 생각했다.

에스컬레이터로 한 차례 더 올라갔더니 이곳부터가 본격적인 전망대인 모양인지 천장에는 알록달록한 등롱이 장식되어 있었고 조금 더 들어가니 카페가 있었다. 스카이빌딩에 도착하고부터 계속 카페를 찾고 있었기 때문에 몹시 반가웠다. 시원한 홍차를 한 잔 주문했는데 중년 여성인 점원이 매우 친절했다. 창밖을 내다볼 수 있는 자리에는 모두 사람들이 앉아 있어서, 옆에 있는 테이블에 자리를 잡고 홍차가 나오기를 기다렸다. 이윽고 홍차가 나왔다. 달지 않고 씁쓸한, 내가 기대한 맛이었다. 카페에서도 가장 가격이 싼 메뉴 중 하나였지만 한국의 카페에는 달지 않은 아이스티가 좀처럼 없다. 투명하고 소박하고 깔끔한 이 아이스 홍차를 나는 좋아한다.

얼마 지나지 않아 창문 앞자리가 하나 비어서 그쪽으로 자리를 옮겼다. 그때의 시간이 6시 20분경이었고 일몰 시각은 7시 40분이었으니 야경을 보기까지는 꽤 시간이 있는 셈이었다. 실내에 편하고 시원하게 앉아 있을 수 있다는 사실에 감사하며 일몰 시각까지 기다리기로 했다. 이유는 몰라도 음악을 듣거나 글을 쓰는 등 다른 일은 하고 싶지 않아서 그저 밖을 내다보며 기다렸는데, 아무것도 안 해서 그런지 기다리는 시간은 생각보다도 지루했다. 도중에는 『꿀벌과 천둥』을 조금 읽었다. 읽기 시작했을 때는 괜찮았는데 이내 생각이 옮겨가 핸드폰의 화면을 껐다. 그리고 다시 창밖을 내다보았는데, 밝은 파란색에 회색을 약간 덧칠한 듯한 색의 하늘은 여름의 초저녁다웠다. 눈앞에 흐르는 요도강(淀川)은 하늘과 함께 색을 바꾸어 가면서, 오늘이 저물고 있다는 사실, 시간은 흐르고 있다는 사실을 알려 주었다.

7시 40분이 되었다. 하늘이 거의 어두워지면서 비로소 눈앞의 풍경을 야경이라고 부를 수 있게 되었다. 그래도 아직 완전히 어두워지지는 않아서, 양치하고 위쪽 전망대로 가자고 생각했다. 계산이 딱 맞았는지 양치하고 나오니 완연한 야경이 되어 있었다. 전망대는 스카이워크라는, 야외의 바람을 맞으며 구경할 수 있는 구조였다. 예고 없이 더운 바람을 맞게 된 데에 비해 야경은 그렇게 훌륭하다고 생각되지는 않았다. 머릿속에 있는 '도시의 야경'의 이미지가 그대로 눈앞에 있는 것뿐으로, 특별히 멋진 불빛을 비추는 건물이 있는 것도 아니었다.

건물의 3층으로 내려오니 정말로 멋진 광경은 그곳에 있었다. 창밖으로 마츠리를 위한 무대와 그 무대 위에서 춤추는 사람들, 그리고 무대 주위를 둘러싸고 일제히 같은 춤을 추는 사람들이 보였다. 아까 누군가가 마츠리가 있다고 말한 걸 듣기는 했지만, 이 시간에 여기에서 하고 있을 줄은 전혀 몰랐기에 들뜬 마음으로 1층 문밖으로 나가 구경했다. 나가 보니 노점상들도 있었고, 다양한 연령대의 사람들이 무대 주위를 돌면서 춤추는 모습이 보였다. 무엇보다도 사람들이 모두 같은 춤을 추고 있다는 게 정말 놀라웠다. 어떻게 저렇게 오와 열을 맞춰서 춤을 추는 건지, 오사카에서는 초등학교에서부터 마을 축제의 춤을 철저히 연습시키는 게 틀림없다. 춤을 추는 사람 중에는 애니메이션 캐릭터 일러스트가 그려진 하오리[8]를 입은 노인도 있었고 '오사카 시민(大阪市民)'이라고 적힌 녹색 하오리를 입은 할아버지도 있었다.

---

8 羽織 - 일본의 전통 겉옷으로 길이는 보통 골반까지 오며 품이 넉넉하다.

초등학교 고학년 정도로 보이는 여자아이와 그것보다도 어려 보이는 어린아이들도 몇 명 있었다. 모두가 노래에 맞춰 같은 방향으로 돌고 같은 동작을 했다. 처음에는 사진 셔터를 누르다가 이내 동영상으로 바꿨다. 사람들이 이곳에서 춤추는 목적은 단 하나, 마츠리를, 이 순간을 즐기는 것이었다. 다른 지역에서도 이렇게 마츠리에서 일반 시민들이 모여 춤추는지는 모르겠지만 왠지 오사카답다고 생각했다. 다양한 각도에서 구경하다가 도중부터는 의자에 앉았다. 휠체어를 탄 오사카 시민이 바퀴를 굴리며 행렬의 움직임에 함께하고, 팔동작만이지만 춤을 추고 있었다. 8시 45분, 무대를 보며 언제쯤 돌아갈까 생각하던 차에 이 무대는 9시까지 한다는 안내가 나와 끝까지 보고 가자고 생각했다. 마츠리의 진행자가 일반 시민들이 무대로 올라오기를 독려하면서, "다들 지치신 건가요(みんなちょっと疲れたかな)?"라고 말했는데 현장 사람들이 웃음을 터뜨렸다. 그렇게 웃을 만한 말인지는 모르겠다고 생각했던지라 조금 어리둥절했다. 진행자는 뒤이어 "모처럼 날씨의 은혜를 받았잖아요(せっかく天気に恵まれたから)."라고 말을 이었는데 생각해 보니 과연 그랬다. 오늘은 오사카에 비와 태풍 예보가 있었는데, 그런 예보가 있었다는 것조차 잊어버릴 정도로 날씨가 좋았다. 오늘 비가 오지 않아서 정말 행운이라는 걸 그 말을 통해 알게 되었다. 마츠리의 후반에 서양 여성이 행렬의 바깥쪽으로 걸으며 함께 춤을 추고 있는 것을 보고, 나도

행렬에 합류해서 춤을 췄다. 무대의 사람들을 보면서 따라 하니 그렇게 어렵지도 않았고 무엇보다도 즐거웠다. 9시에 마츠리가 끝나고, 무척 즐거운 마음으로 자리를 떠났다. 일본에 와서 이런 마츠리 광경을 볼 수 있을 거라고는 생각도 못 했기에 더욱 재미있고 기억에 남는 시간이었다.

마츠리에 몰두하느라 시간도 늦었고 저녁을 먹을 식당도 정하지 못했다. 숙소까지 가는 길의 식당을 몇 개 조사해 두었는데 그 중 가까운 야키니쿠[9] 식당으로 향했다. 그런데 식당이 상점 건물 안에 있는지 입구를 찾지 못해 헤매다가 커다란 상점 건물의 8층 푸드 코트로 향했다. 아마도 내가 찾는 식당도 그 층에 있는 것 같았다. 푸드 코트를 한 바퀴 쭉 둘러보며 식당을 찾았다. 푸드 코트에는 핫케이크 집이나 커리 가게 등 여러 음식점이 있었다. 커리 가게의 이름은 베어풋 커리(Barefoot curry)였는데, 전시된 컵에는 가게의 로고로 보이는 발바닥 그림이 그려져 있었다. 아무리 그래도 맨발로 커리를 만든다는 건 상상이 안 돼서 난의 반죽을 발로 만드는 건가 싶었다. 푸드 코트를 한 바퀴 다 돌았을 무렵에, 가지가 올려진 토마토 파스타 요리 모형을 보았다. 가지를 올린 파스타라니 매우 독특하고 맛있어 보였다. 그 가게는 교토에서 공수한 채소로 요리를 만드는 것이 특징인 모양이었다. 교토에는 다음 날 갈 예정이었지만 교토의 채소라고 들으니 신

9 焼肉 - 식탁에서 구워 먹는 고기 요리를 칭하는 일본식 표현.

선할 것 같고 구미가 당겼다. 지금 생각해 보면 '교토의 채소'라는 것만으로도 고객에게 좋은 이미지를 준다는 것은 그만큼 교토라는 도시의 이미지가 훌륭하다는 것이다. 지역 이미지 조성의 힘을 느낀다.

아무튼 푸드 코너를 전부 돌아도 내가 찾는 야키니쿠 집은 찾을 수 없었다. 시간도 늦었으니 어서 식사를 해야겠고, 아까 봤던 가지 파스타에 이미 마음이 끌렸기 때문에 그걸 먹기로 정했다. 가게 이름은 쿄노야(京野屋)였다. 가게에 들어가서 곧바로 가지 파스타를 주문했다. 메뉴판에는 가지와 미트 소스, 고추가 들어간 약간 매콤한 파스타라고 설명되어 있었는데 사진 속의 붉은 소스가 그때따라 굉장히 맛있어 보였다. 요리가 나오고 한 입 먹어 보니 미소가 절로 지어졌다. 기대했던 가지도 좋았지만, 소스의 풍부한 맛이 특히 마음에 들었다. 고추가 살짝 더해진 토마토 미트 소스는 맵지 않으면서도 입맛에 딱 맞았다. 다진 돼지고기도 많이 들어 있어 젓가락질을 멈출 수 없었다. 가지는 신선했고 기름을 적당히 흡수해 촉촉했다. 가지의 맛은 소스에 비해 담백해서, 가지가 본연의 맛이 강하지 않은 채소라는 걸 새삼 알았다. 파스타는 단숨에 다 먹었고 맛도 양도 딱 좋았다.

식사 후에는 1층의 훼미리마트에 가서 가마에서 꺼낸 부드러운 푸딩(窯出しとろけるプリン)과 물을 샀다. 어제 산 푸딩 세 종이 모두 입에 안 맞았기 때문에 이번에는 확실히 맛있는 푸딩을 샀

다. 어제부터 식사에 비타민이 부족한 것 같아 과일을 사려고 둘러보았는데 훼미리마트 매장에는 포장된 과일이 없어서, 호텔로 돌아오는 길에 로손 편의점에 들러 파인애플 팩 하나를 샀다.

호텔로 돌아와서는 푸딩을 먹고 휴식을 취했다. 푸딩을 한 입 먹고는 '역시 이거야'라는 생각이 들었다. 푸딩이란 모름지기 이런 맛이어야 한다고 생각했다. 짐도 간단히 정리하고 파인애플까지 먹은 뒤에는 내일의 계획을 상세히 생각해 두고 싶었는데, 오전부터 많이 걸어 피로가 쌓여 있어 일단은 제대로 휴식부터 취하기로 마음을 바꾸었다. 목욕을 하고 유카타 차림으로 잠에 들었다.

여름 3: 오사카, 교토

2023. 7.29. (토)

오늘은 스스로 놀랄 정도로 이른 시각인 7시 30분경에 눈이 떠졌다. 출국일인 이틀 전부터 계속 7, 8시경의 이른 시각에 일어나고 있는데, 일상으로 돌아가게 되면 귀신같이 원래의 생활 패턴으로 돌아갈 것만 같다.

이날의 일정은 뮤지컬을 보고 교토로 이동하는 것이었다. 조식을 먹으러 가기 전 이날의 복장인 청 셋업으로 갈아입었다. 청색의 반소매 셔츠와 반바지가 활동적인 느낌을 줘서 마음에 들었다. 그리고 레스토랑으로 향했다. 전날 먹은 조식이 매우 맛있었기 때문에 이날도 기대를 했다. 전체적인 구성은 첫째 날과 크게 다르지 않았지만 첫째 날에 없었던 고기만두가 있었고 마카로니 대신에 감자샐러드와 콩 샐러드가 나왔다. 콩 샐러드에는 강낭콩과 초록 콩, 병아리콩이 있어서 무척 맛있어 보였다. 밥, 된장국, 닭튀김, 꼬치 튀김, 두부, 낫토, 콩 샐러드 그리고 상추

샐러드를, 전날보다 담음새에 신경 써서 서로 다른 그릇에 담아 봤다. 확실히 어제보다도 깔끔하고 정성스럽게 담아낸 것 같아 이런 것도 한번 해 보고 나면 느는구나 생각했다. 아침 식사는 매우 건강한 맛이었고 몸에 제대로 좋은 영양분을 공급했다는 느낌을 받았다. 이런 건강하고 맛있는 식사를 매일 한다면 분명 몸에도 정신에도 좋은 영향이 있을 거라고 생각했다.

10시쯤에 방에서 나와 체크아웃했다. 체크아웃은 기계에 카드를 넣기만 하면 되는 간단한 절차였다. 호텔의 첫인상은 별로 좋지 않았지만 나올 때는 이틀간 이 호텔에서 매우 잘 쉬었다는 기분이 들었다. 날씨는 아주 맑았고 햇볕이 기분 좋았다. 뮤지컬 공연이 있을 우메다 예술극장을 향해 걷기 시작했는데, 극장까지 가는 길의 군데군데가 벌써 익숙했다. 어제 탔던 헵파이브의 빨간 관람차도 보았다. 호텔에서 멀어질수록 새로운 풍경의 길을 보게 되었고 곧 극장에 도착했다. 도착한 시각은 10시 20분 정도로, 개연 시각인 12시 30분까지 시간이 꽤 남아서인지 극장 앞은 한산했다. 매표소에는 손님이 한 명밖에 없었고 나는 바로 티켓을 받을 수 있었다. 티켓도 받았겠다 카페에 가서 기다릴 일만 남았다고 생각했는데, 근처 블루보틀에 도착하니 가게 밖까지 줄을 서 있을 정도로 사람이 많아서 바로 다른 카페를 검색했다. 다행히 멀지 않은 곳에 스타벅스가 있었다. 스타벅스에 들어가니 그곳도 만석이었지만, 내가 들어가자마자 한 가족이 자리를 비운 덕분에 운 좋게 자리에 앉을 수 있었다. 주문대로 향한 뒤 잉글리시 브렉퍼스트 티 라테를 아이스로 주문하려고 했는데, 점원이 티 라테는 따뜻하게만 가능하다며 대신 아이스티를 추천해 주었다. 나는 그렇게 해 달라고 했다. 어쩌다 보니 아이스티를 이틀 연속으로 마시게 되었지만 상관없었다.

10시 40분쯤 착석해서 11시 50분까지 오사카에서의 둘째 날을 기록으로 남겼다. 스타벅스에서 1시간 넘게 있었다는 게 지금 생각하면 신기하게 느껴질 정도로 쏜살같은 시간이었다. 11시 50분이 되자 다시 우메다 예술극장으로 향했는데, 스타벅스에서 극장으로 가는 길은 3분밖에 걸리지 않았다. 극장 앞은 오전과 달리 공연을 보러 온 관객들로 가득 차 있었다. 뮤지컬을 보려고 이 많은 사람이 모였다는 사실이 왜인지 몰라도 조금 좋았다. 메인 홀에 입장하기 위해서 줄을 섰는데, 캐리어 같은 큰 짐은 홀 입구에 맡겨야 하는 모양이었다. 입구에 스태프가 몇 명씩이나 서서 큰 짐이 있는 관객을 하나하나 확인하는 모습을 보고 내 생각보다도 이곳의 모든 게 본격적이라는 생각이 들었다. 2층으로 올라가 티켓을 확인받고 화장실 줄을 섰다. 그렇게나 긴 화장실 줄은 처음 본 것 같았다. 화장실에 들르고는 자판기에서 물 한 병을 샀다.

이 뮤지컬의 티켓을 예약한 것이 꽤 오래 전이라 완전히 잊고 있었는데 내 좌석은 S석에다가 앞쪽 열의 중앙 자리였다. 예약

당시, 뮤지컬을 본다면 최상의 자리에서 제대로 보고 싶다는 생각으로 그 좌석으로 예약했을 것이다. 공연장에 입장하니 좌석들이 고급스러운 느낌의 붉은 융단으로 감싸져 있어 전통 있는 극장이라는 분위기를 풍겼고 좌석이 2층까지 있어 규모가 컸다. 내 자리에 앉아 보니 무대와의 거리가 가까워 배우의 연기를 매우 생생하게 전달받을 수 있을 듯했고 위치도 중앙이라 가히 명당이라고 할 만했다. 과거의 나에게 칭찬을 해 주고 싶은 기분이었다.

뮤지컬 「팬텀」의 막이 올랐고 극은 시장 거리의 풍경과 함께 시작되었다. 시장 거리의 사람들은 모두 엑스트라일 텐데 그 수가 꽤 많아서 놀랐다. 드레스 등 복장도 본격적이고 나무로 만든 가판대 등 배경 소품도 많아서 이 뮤지컬에서는 소품을 꽤 많이 사용한다고 생각했는데 그것으로 놀라기에는 일렀다. 극 전체에 걸쳐 상당한 규모의 배경과 수많은 소품이 사용되었다. 그것들을 정확한 타이밍에 빠르고 실수 없이 움직이는 것은, 모르는 사람의 눈에도 굉장한 집중력과 노력이 필요해 보였다. 극의 처음부터 끝까지 모든 배경과 소품들이 매우 정확하고 빠르게 움직여서 극은 매우 매끄럽게 진행되었고 이 엄청난 계산과 협력에 탄복했다. 주연 크리스틴 역을 맡은 여배우의 노랫소리에도 감탄하지 않을 수 없었다. 목소리가 몹시 사랑스러우면서도 소리에 힘이 있었고, 노래할 때의 음정과 음색 모두 대단히 안정적이었다. 그녀가 말하는 대사 하나하나에 듣기 좋은 애교가 묻어났고 목소리가 매우 아름다웠다. 뮤지컬 첫 장면에 나온, '멜로디'라는 가사가 반복되는 노래에서 그녀의 이런 사랑스러운 목소리와 연기가 정말 잘 드러났는데 과연 극 중에서 백작이 그녀에게 파리로 오라고 청할 만하다고 생각했다. 저렇게 아름답게 노래하는 크리스틴을 발견한 백작도 나와 비슷한 기분이었겠지. 또한 대부분의 스토리가 대사보다는 노래로 진행되었다. 나는 뮤지컬은 연극처럼 대사를 통한 진행이 기본이고 중간중간 극적인 부분에만 음악이 삽입된다고 생각했는데 대사보다도 노래의 비중이 더 컸고 쉴 틈 없이 내게로 흘러들어오는 훌륭한 음악과 장면에 몸도 마음도 말 그대로 사로잡혔다.

가창에 마음이 빼앗길 때쯤 오케스트라의 존재를 깨달았다. 음향이 몹시 깔끔하고 균일했기에 음원을 틀고 있다고 생각했는데 잘 보니 무대 위쪽에 지휘자와 연주자들의 모습이 보였다. 처음에는 홀로그램 영상으로 연주자의 모습을 보여주고 있는 줄 알았다. 라이브로 이런 한치의 틀림이 없는 음향이 나오는 건 너무나 신기한 일이라 오케스트라의 존재를 믿을 수가 없었다. 제1 바이올린 주자들이 악보를 넘기는 모습을 보면서도 저런 세세한 부분까지 영상으로 연출해 두었구나 생각했다. 저것은 진짜일까, 계속 의심하며 지켜보았는데 오른쪽의 호른 주자가 관객을 향해 악기를 흔드는 것을 보고 점점 오케스트라가 라이브로 연주하고 있다는 짐작이 커졌다. 어느 순간 그것은 진짜 오케스트라라는 것을 알게 되었고 그것을 깨달으니 더욱 놀라움을 잠재우기가 어려웠다. 목관의 소리는 무척 깔끔했다. 특히 클라리넷이 좋았는데, 소리가 둥글고 부드러우면서도 음량은 부족하지 않았다. 트럼펫이 있다는 것은 극의 초반부터 알고는 있었지만 설마 무대 뒤에서 실제로 연주하고 있었을 줄이야. 트럼펫은 음정이 전혀 어긋나지 않았고, 소리가 날카롭지 않았지만 귀에는 정확히 들어왔다. 아주 자연스럽게 오케스트라에 녹아들어 딱 적당한 세기로 트럼펫으로서의 제 역할을 다하고 있었다. 템포가 빠른 곡에서도 박자가 정확했고, 곡의 경쾌함을 무척 잘 구현해 주었다. 나중에 구매한 팬북을 통해 1st 트럼펫 주자가 도쿄 코세이 윈드 오케스트라의 단원이라는 것을 알게 되었다. 나는 트럼펫을 취미로 하고 있고, 도쿄 코세이 윈드 오케스트라는 일본 내의 윈드 오케스트라 중에서도 명성이 높다. 그 음원을 연주의 본보기나 교과서처럼 생각하며 수없이 들어 왔고, 특히 도쿄 코세이의 트럼펫 소리를 좋아한 만큼 이곳에서 그 소리를 직접 만났다는 사실이 놀라웠다.

오케스트라도 가창도 라이브라는 것은 정말로 굉장한 일이다. 녹음된 반주에 맞춰 노래하고 연주하는 것과 실제 사람이 내는 소리에 맞춰 음악을 만드는 것은 완전히 다른 이야기다. 상대의 템포와 박자, 호흡 그 모든 것을 맞추는 것은 엄청난 일이다. 그 엄청남이 내 눈앞에서 태연한 듯 이뤄지고 있었다. 이것은 실로 대단한 일이다, 대단함을 넘은 무언가다, 그런 생각이 들었다.

카를로타 역의 여배우는 잘 설명할 수 없을 정도로 엄청난 재능을 가지고 있었다. 그녀의 시선과 몸짓은 카를로타 그 이상이었다. 마치 카를로타라는 인물이 이미 그녀 안에 꽉 차다 못해 넘쳐흐르는 것 같았다. 그 모든 제스처가 계산된 건지 그녀에게서 자연스럽게 나오는 건지 알 수는 없었지만 어느 쪽이든 경이로웠다. 카를로타가 있기에 그녀가 있었던 것이 아니라 그녀가 있기에 저 카를로타가 있다, 그 정도로 뛰어나다고 생각했다. 어떻게 내가 지금까지 그녀를 몰랐을까, 그녀는 더욱 고평가받아야 한다. 그런 생각과 함께, 이 극에 나온 모든 배우 중 그녀를 넘어서는 사람은 없다고 생각했다.

그 생각은 좋은 의미로 점차 바뀌어 갔다. 크리스틴 역의 배우는 진실로 놀라움의 연속이었다. 그녀는 아름다운 노래로 그것을 뛰어넘는 재능은 없을 거라 생각하게 만들고는 곧 반드시 자신이 그 한계를 뛰어넘어 굉장한 재능과 능력을 보여 주었다. 그녀의 노래는 결코 아름답기만 한 게 아니었다. 아름다움과 함께 힘, 정확성을 갖추고 있다는 걸 알고 감탄했지만 그것도 전부가 아니었다. 그 이상의 엄청난 무언가를 그녀는 가지고 있었다. 노래라는 예술의 틀 안에 그녀가 있는 게 아니라 그녀의 노래 자체가 이미 예술을 담아내다 못해 초월하고 있었다. 그런 생각을 하던 중 그녀는 어떤 의미에서 노래보다도 엄청난 무용을 선보였다. 에릭의 이야기 장면에서 그의 어머니를 표현하며 괴로움에 발버둥 치는 모습은 어떻게 그것이 인간의 움직임일까 의심하게 했다. 그녀는 예술을 초월한 노래를 가졌으면서 물리를 초월하여 움직일 수 있었다.

뮤지컬 배우는 비현실이 현실인 사람들이라는 것을 알았다. 그들은 실수가 허용되지 않는 세계에서 완벽이라는 비현실을 실현시킨다. 어떻게 이렇게 완성도 높은 작품을 만들까? 이 작품을 만들기 위해 상당한 수의 사람이 굉장히 치밀한 노력을 했다. 실제로 노래는 완벽했으며 춤은 경이로웠다. 압도당했다. 극상의 예술, 굉장한 에너지, 비현실적일 정도로 완벽한 현실. 마음을 빼앗겼다.

무대가 끝나고 내가 칠 수 있는 만큼 강하게 박수를 쳤다. 막이 내릴 때 크리스틴 역의 배우는 좀 전까지 엄청난 전율을 주었다는 사실과 위화감이 느껴질 만큼 해맑은 얼굴로 손을 흔들고 있었다.

뮤지컬이 끝나고 마주한 우메다 예술극장의 밖 풍경은 밋밋했다. 잠시 오사카역까지 가는 길을 조사하고 이내 걷기 시작했다. 오사카역 발권기에서 교토행의 작은 파란 티켓 하나를 발권받았다. 조사해 둔 바에 따르면 내가 타야 하는 열차 이름은 썬더버드였는데, 티켓에도 역내에도 썬더버드라는 글자는 보이지 않았다. 어디로 가야 할지 몰라 조금 불안했지만, 일단 플랫폼에 가니 교토행 열차가 곧 들어온다는 안내가 나와서 그것을 타기로 했다. 열차에 타고도 이 열차의 노선을 알 방법이 없어서 조마조마했지만 열차 내 안내판을 보고 또 보아도 교토행이라고 나와 있었으니 어떻게 가든 교토는 가겠다 싶어 안심하기로 했다. 실제로 자리에 앉아 노선표를 검색해 본 결과 내가 탄 열차는 50분 만에 교토역까지 가는 열차로, 원래 타려고 했던 열차보다 더 많은 역에 정차하여 오래 걸리기는 하지만 아무튼 제대로 교토역까지 가는 열차였다. 열차에 몸을 맡기니, 여기에 언제 다시 올지 기약도 없는데 너무 평범하고 빠르게 오사카로부터 멀어져 갔다. 고속열차의 엄청난 속도는 내가 오사카로부터 떠나는 것을 아무렇지도 않게 여기는 것 같았다. 하긴 이 열차의 역할은 몸을 실은 사람을 최대한 빨리 옮겨 주는 것이니 그럴 만도 하겠다. 먼 거리를 빠르게 이동하겠다는 인간 염원의 결과로 탄생한 게 이 신칸센이니 인간의 한 사람으로 문명의 혜택을 누리는 데 감사하기로 했다.

오사카로부터 멀어져 갈수록 열차 내의 사람 수가 줄었다. 역의 이름들은 대부분 생소했다. 지명들을 어떻게 읽는 건지 생각해 보고, 열차 내 안내판에 나온 한글을 보면서 답을 맞혀 보았다. 안내판에는 역의 이름이 로마자나 히라가나로 나오지 않았기 때문에 뜻밖에도 한글의 도움을 받아 읽는 방법을 익혔다. 이곳은 어떤 곳일까 궁금했던 역들은 대부분 시골 풍경을 하고 있었다. 민가 몇 채 외에는 풀밭 또는 채소밭이 전부였고, 그 사이사이에 좁은 아스팔트 인도가 있었다. '일본 시골의 여름'이라는 느낌으로 이런 풍경을 동경하는 사람도 있겠지만, 나는 여기 사람들은 어떻게 살아가는가 하는 생각이 먼저 들었다. 내로라하는 대도시인 오사카와 교토 사이는 이런 풍경이다. 왠지 씁쓸한 기분도 들었지만 이내 이곳까지 오사카와 교토인 것도 곤란하겠다는 생각이 들었다. 이런 소박한 곳이 있기에 오사카가 오사카고 교토가 교토다.

교토역에 도착했다. 교토역에서 료칸[1]을 향해 걷기 시작했다. 료칸을 예약했을 때는 교토역과 가깝다고 생각했는데 실제로는 걸어서 20분 정도 걸리는, 가깝지만은 않은 거리였다. 료칸까지 좁은 골목길을 따라 걸어갔는데, 작은 골목에도 정취 있는 목조 건물들이 은근히 자리잡고 있는 것이 이곳이 교토라는 사실을 느끼게 해 주었다. 걷고 또 걸어 숙소에 도착했는데 대문이 잠겨 있었고, 문에 붙은 메모에는 근처에 있는 다른 료칸으로 가서 체크인을 해야 한다고 적혀 있었다. 또 길을 찾아야 한다니 좀 싫증 났지만 달리 방도가 없으니 메모에 적힌 료칸까지 찾아가 키를 받아 왔다. 우여곡절 끝에 2층의 방에 가서 문을 열었다. 문은 종

1 旅館 - 일본의 전통적인 숙박 시설. 다다미 바닥을 갖춰 일본 주택만의 매력이 있다.

이로 된 미닫이문이었고 방음은 그다지 기대하지 않는 게 좋을 듯했다. 방은 예약할 때 본 사진과 같이 다다미 바닥으로 되어 있었으며 침대 없이 이불만 있었다. 전통 주택이라 그런지 내부에 냉장고는 없었다. 냉장고가 없어도 불편은 없겠지만 조명이 흰색이 아닌 황색 조명인 데다 조금 어두워서 밤에 책이나 노트북을 보기에 불편하겠다는 생각이 들었다. 그래도 방의 전체적인 분위기는 마음에 들었다.

뮤지컬을 봤을 때까지는 체력이 온전하고도 남았는데 교토까지 오는 과정에서 체력을 상당히 소진했다. 잠시 쉬거나 식사를 해도 괜찮을 만한 상태였지만 시간 여유가 많지 않았던 터라 바로 교토 수족관으로 가기로 했다. 교토 수족관까지의 거리도 걸어서 약 20분이었으며, 꽤 멀게 느껴졌다. 료칸에서 교토 수족관까지 가는 데까지는 골목길을 거쳐야 했다. 료칸 자체도 매우 좁은 골목길에 위치해 있었지만 료칸 바로 앞의 붉은 벽돌이 깔린 골목은 그래도 내가 어딘가 새로운 곳에 왔다는 인상을 주었다. 하지만 그 붉은 골목을 지나자 여행지라는 인상이 전혀 없는 평범한 골목길이 나왔고, 생각해 보면 한 번도 그런 골목길을 걸어본 적 없는데도 그곳이 매우 일상적인 곳처럼 느껴졌다. 거리에는 사람이 거의 없었고 두세 명의 남학생 무리의 대화만이 소리가 되었다. 그 아무렇지 않은 골목을 걷다가 문화센터나 사무실로 보이는 하얀 3층 건물을 보았는데, 외벽 게시판을 보니 놀랍

게도 교토 츠쿠바 개성 고등학교(京都つくば開成高等学校)라고 적혀 있었다. 운동장도 기타 시설도 없이 작은 건물 하나가 덩그러니. 매일 아침 교복을 입은 학생들이 이 작은 골목에 등교하러 올까. 작은 학교임에는 틀림없는데 어떤 수업이 이뤄지고 있을까. 그 특이할 정도로 작은 규모와 누구도 생각하지 않을 듯한 입지 조건 때문에 무척 이례적으로 느껴졌다. 게시판에는 운동회와 문화제 등을 포함한 연중행사 안내와 대학 입학 실적이 있었는데 개중에는 칸사이 대학이나 킨키 대학, 리츠메이칸 대학 등 유명 대학의 이름도 꽤 있었다. 이 학교가 도대체 어떤 학교인지 알고 싶었다. 한 가지 확실한 것은, 누군가가 이런 형태의 학교를 세우고 싶다고 생각해 자신들만의 교육을 하고 있다는 것이었다.

그 학교를 보고 나도 이렇게 하고 싶다는 생각이 들었다. 내게도 '이렇게'의 의미는 다소 모호한데, 그 학교의 교원이나 학생이 되고 싶다는 것은 아니고 내가 이런 형태의 학교를 설립하고 싶다는 것과도 다소 거리가 있다. 처음에 그 학교를 보면 '이게 학교라고? 이래도 되나.'라는 생각이 들지만, 실제로 그 학교가 존재한다는 것은 있어도 된다고 허락받았다고 바꿔 말해도 될 것이다. 주위의 조건이나 통념이야 어쨌든 유일무이한 형태의 학교를 만들어 자신이 추구하는 교육을 관철하는 사람이 있고, 그 의도가 이 건물의 존재로 하여금 표상되었다. 그것을 눈으로 보게 되어 무척 좋았다.

고등학교를 지나자 차도라고 부를 수 있는 나름의 큰 길이 나왔다. 그 길을 따라 쭉 걸었는데, 어딘지 낙후된 듯한 거리가 살풍경을 이루었다. 어서 벗어나고 싶은 마음에 발걸음을 서둘렀다. 목적지를 향해 걸을수록 차도의 폭이 넓어져 갔고 고궁으로 보이는 명소가 보였다. 나중에 조사하니 그 이름은 본원사(本願寺)로, 한국의 궁과 유사해 보였는데 사찰이었다. 사찰을 낀 사거리를 한 차례 지나자 교복을 입은 고등학생들의 모습이 보이기 시작했다. 이 근처에 학교가 있을까 해서 검색해 보았는데, 과연 전방에 고등학교가 하나 있었다. 학교 이름은 류코쿠 대학 부속 고등학교(龍谷大学付属高等学校)였다. 그 이름에 놀라 지도를 다시 보니, 불과 몇 미터 앞에 류코쿠 대학이 있다고 나왔다. 나는 평소에 다양한 관악 연주 단체의 영상을 찾아보는데 그중 하나가 바로 이 류코쿠 대학(龍谷大学)의 관악부이다. 일본은 취미로 관악기를 연주하는 문화가 발달해서 고등학생이나 대학생, 사회인이 모여 멋진 활약을 하는 단체가 많다. 프로가 아님에도 열정을 바쳐 훌륭한 연주를 만들어 내는 단체들을 보고 늘 존경과 감탄의 시선을 보내고 있었는데, 그 대상이 바로 앞에 있다니 가슴이 뛰었다. 곧 대학의 이름이 새겨진 담장이 보였고 지금도 동아리 사람들이 연습하고 있을지도 모르겠다고 생각했다. 그나저나 대학의 입구가 정말 소박했다. 입구를 알리는 조형물이 없고 담장에 대학의 이름이 새겨져 있을 뿐인 데다 작은 사거리의 두 귀퉁이에 부지가 자리 잡고 있었다. 여행 전반에 걸쳐서 하게 된 생각인데, 일본의 대학은 주변의 집, 건물, 도로에 자연스럽게 녹아들도록 지어져 있다. 대학이 있는 거리를 전체적으로 보아도 대학 건물은 별반 눈에 띄지 않는다. 원래의 거리를 많이 바꾸지 않는 방식으로 대학을 지은 것이 느껴지고 대학이 마을의 일부가 되어 어디 하나 모나거나 튀는 데 없는 거리 경관을 형성한다. 한국에는 입구부터가 화려한 대학이 많고 대학을 중심으로 상권과 경관이 만들어진다. 그것이 당연한 것은 아니라는 것을 이곳에 와서 깨달았고 미처 몰랐던 겸양의 정신을 알게 되었다.

교토 수족관 앞 횡단보도에 다다르니 비로소 어린아이를 동반한 가족의 모습들이 보이기 시작했다. 지금은 토요일 저녁 6시 30분, 저녁을 일찍 먹고 나들이를 나오는 가족이 있을 만하다. 횡단보도를 건너고 나서 수족관까지 가는 길에는 넓은 공원이 있었다. 잔디밭 위를 뛰어다니는 아이들과 그 모습을 웃으며 바라보는 어른들이 있었다. 많은 사람들이 공원에서 즐거운 시간을 보내는 가운데 나는 수족관 입구로 들어가 관람권을 발권했다. 관람 안내 팸플릿을 한국어로 가져갈까 일본어로 가져갈까 고민하다가, 우선 일본어로 읽어 보고 모르는 것은 바로 확인할 수 있도록 둘 다 가져가기로 했다. 입장하고 가장 먼저 본 동물은 커다란 샐러맨더였다. 이름은 일본 장수 도롱뇽(オオサンショウウオ)이

었는데, 수조 속에 그 커다란 몸집들이 서로 붙어 있는 모습이 기묘했다. 교토시를 흐르는 카모 강에 서식하는 물고기를 몇 종 보고 나니 바로 외부 전시관으로 나가게 되어 있었다. 외부에는 물개와 하프물범이 있었다. 바닥과 천장을 관통하여 세로로 연결된 물통에 하프물범 한 마리가 둥실둥실 떠 있었고, 조금 보고 있자니 다른 하프물범 한 마리가 통 하고 올라왔다. 아이들이 본다면 귀엽다며 좋아할 만한 순간이라고 생각했다. 제3 전시실에는 커다란 메인 수조가 있었다. 송어, 아기 상어, 가자미 등 다양한 물고기들이 함께 헤엄치고 있었는데, 종류가 다양한 탓에 수조 안은 무질서해 보였다. 다시 생각하니 실제 바닷속에서는 이보다 훨씬 많은 종의 생물들이 한데 살아가니, 수족관 수조 속 물고기 종류가 서로 다르다는 이유로 통일성이 없다고 생각한 것은 무척 어리석었다. 다양하고 복잡한 무질서야말로 자연에서는 질서일지도 모르겠다.

그 뒤 본 것은 펭귄과 해파리, 갯지렁이 등이다. 해파리는 꽤나 인상적이었다. 해파리를 생후 일수에 따라 분류해 놓은 전시가 있었는데, 태어난 지 1일 된 해파리는 하얀 먼지처럼 보이면서도 동물의 움직임과 탄력을 가진 것이 신기하고 귀여웠다. 성체 해파리는 어떤 의미에서 동물답지 않았다. 하나는 물에 풀어 놓은 분홍 물감이 잠시 생명을 얻은 것만 같았다. 다른 하나에는 어떤 화가가 심혈을 기울여 창조해 낸 듯한 신비로움이 있었다. 아름다운 분홍색과 하얀색으로 색을 내어 그려낸 뒤 자신의 작품에 평생 물속에서 춤추라는 명을 내린 것 같았다.

전시관을 다 둘러보니 시간은 7시 20분쯤이었다. 7시 30분에 있을 돌고래 쇼 전에 뭐라도 먹을까 했는데, 관내 카페테리아가 모두 폐점하기 시작해서 사 먹을 수 없었다. 돌고래 쇼장에 미리 들어가 잠시 앉아 있기로 했다. 들어가니 무대로 보이는 공간에는 커다란 수조가 있었고, 돌고래 몇 마리가 그 안에서 유유히 유영하고 있었다. 수조를 둘러싼 조명 사이에서 이따금 돌고래의 등이 보였다. 수조와 가까운 앞쪽 좌석에는 슈퍼 스플래쉬 존이라고 적혀 있었고, 나는 망설임 없이 물이 잘 튈 것 같은 앞쪽 가운데 좌석에 앉았다. 나보다 먼저 들어와 있던 사람은 모두 스플래쉬 존에는 앉지 않고 뒤쪽에 멀찌감치 앉아 있었는데, 돌고래 쇼까지 보러 와서 왜 모두 뒤에 앉아 있는지 의아했다. 이윽고 나와 가까운 앞쪽 좌석에 유치원생 정도로 보이는 남매가 앉았다. 아이들은 이런 일등석에서 돌고래 쇼를 보는 게 마땅하다고 생각했다.

7시 30분이 되어 쇼의 시작을 알리는 음악이 흘러나왔다. 곧이어 수조 앞 천장에 설치된 장치에서 몇십 개의 얇은 물줄기가 수직으로 떨어지기 시작했다. 어떤 물줄기는 빠르게, 어떤 물줄기는 느리게 떨어지기도 하고, 직선인 물줄기들이 하나의 커다란 곡선을 연출하기도 하면서 쇼는 계속되었다. 물은 생각보다 많이 튀지 않았다. 그렇게 약 10분, 물줄기가 멈추고 쇼가 끝났다. 나는 물줄기 퍼포먼스가 쇼의 오프닝이고 이것이 끝나고 제대로 돌고래를 볼 수 있을 거라고 생각했기에 사람들이 나가는 것을 한참 보고서야 밖으로 발걸음을 옮겼다. 돌고래가 곡예 등을 선보이는 돌고래 쇼에 대해 비판적인 목소리가 커진 세상이지만, 돌고래는 불투명한 수조 속에서 있을 뿐이고 조명과 물줄기만 연출하는 것을 돌고래 쇼라고 칭해도 될지에는 조금 의문이 들었다.

쇼를 마치고 나오는 길은 기념품 가게를 지나 출구로 이어져 있었다. 기념품은 살 생각이 없어서 곧장 출구로 향했는데, 폐장 시간이 오후 8시인 것을 보고 딱 알맞게 구경을 마쳤다는 생각이 들었다. 들어올 때까지만 해도 밝았던 공원의 풍경은 온데간데 없고 어둠이 깔린 가운데, 생각해 두었던 야키토리[2] 가게를 향해 조금 서둘러 걷기 시작했다. 수족관에서 야키토리 가게까지는 지도로 보면 가까워 보였는데, 직접 걸어 보니 밤중에 모르는 길을 걷는다는 불안 때문인지 다소 멀게 느껴졌다. 좁은 골목을 지나 가게로 향하는 사거리 직전에 작은 초등학교 하나를 보았다. 그 학교 바로 앞에 있는 육교를 건너니 가게까지는 금방이었다.

가게 앞 길가에는 사람이 많지 않았으나 가게 안은 손님으로 가득해 보였다. 들어갈지 약간 망설여졌지만, 그 분주함 속으로

---

2 焼き鳥 - 일본식 닭꼬치.

들어가기로 정했다. 몇 명이냐는 질문에 한 명이라고 답하니 주방을 마주하는 카운터 자리를 안내받았다. 나는 토마토 치즈라는 요리와 야키토리 5개, 우롱차를 주문했다. 가장 먼저 나온 것은 우롱차였다. 우롱차는 처음이라 어떤 맛일지 궁금해하며 한 모금 마셨는데 보리차와 맛이 비슷했다. 우롱차를 조금씩 마시며 요리를 기다렸는데 좀처럼 나오지 않았다. 이윽고 토마토 치즈가 나왔는데, 익힌 토마토 위에 치즈를 얹어 오뎅 국물과 담아낸 요리였다. 안 그래도 요리를 기다리면서 주방을 구경하다가 오뎅이 맛있어 보여서 오뎅을 추가 주문할까 고민하고 있었다. 그렇기에 내가 주문한 토마토 치즈에서 오뎅 국물을 맛볼 수 있는 것은 좋았다. 담음새나 색깔은 좋았지만 맛 자체는 상상 그대로의 익힌 토마토와 치즈 맛이었고 치즈가 조금 더 많았다면 토마토와의 밸런스가 더 좋을 것 같았다. 토마토 치즈를 꽤 천천히 먹었는데도 야키토리가 나오지 않아 인내심을 가지고 기다렸다. 마침내 야키토리도 나왔는데, 하얀 닭가슴살 꼬치 위에 붉은 소스가 얹어진 것이 독특하고도 맛있어 보였다. 왼쪽에서부터 하나씩 꼬치를 먹었는데, 꼬치도 맛 자체가 특별하지는 않았고 충분히 상상할 수 있는 구운 닭고기 맛이었다. 처음에 눈에 띄었던 하얀 닭꼬치는 간이 좀 부족했다.

붉은 소스의 매운맛은 닭가슴살과는 잘 어우러지지 않는 하바네로 맛이었던데다 소스 양도 부족했다. 꼬치를 다 먹어갈 때쯤

에는 오뎅을 추가로 주문하지 말고 나가서 다른 식당을 찾자고 생각했다. 계산을 마치고 가게를 나와 길을 걸으면서 둘러도 보고 검색도 하며 식당을 찾았다. 도중에 분위기 좋은 이탈리안 식당을 보았지만 격식 있는 이탈리안 요리를 먹을 기분은 아니었다. 평점 좋은 쿠시카츠[3] 집도 보았는데, 좁은 가게 안에 회식이나 모임차 온 듯한 사람들이 가득해서 들어갈 여지가 없어 보였다. 이때쯤에는 이미 식당이 많은 큰길은 벗어난 상태로, 료칸을 향해 어두운 골목을 걷고 있었다. 걸으면서 검색해 보니 낮에 료칸에 갈 때 지났던 작은 사거리에 쿠시카츠 집이 하나 있어서, 마지막으로 그곳에 가 보기로 했다. 가게에 도착했더니 다행히도 자리가 있어서 바로 안내받았다. 메뉴판을 받아 든 후 찬찬히 읽어 보며 무엇을 먹을지 골랐다. 이곳에서는 먹고 싶은 재료를 하나씩 골라 주문할 수 있었다. 마음을 사로잡는 재료가 많았는데, 우선은 소고기와 돼지고기를 하나씩, 그리고 연근, 시이타케(しいたけ), 대파 하나씩 총 다섯 개를 주문했다. 배도 좀 채우고 싶어서 밥과 김치를 함께 주문하고 마실 것으로 콜라까지 골랐다. 웬만해선 밥을 먹을 때 탄산음료는 마시지 않는데, 이런 식당에서는 마실 것도 하나 주문해야 하는 법이니 하릴없이 콜라로 골랐다. 사실 주문할 때는 시이타케가 무엇인지 몰랐다. 정확히 말하면 들어본 적은 있는데, 그리고 내가 그것을 좋아한다는 것도

3 串カツ - 고기나 채소를 꼬치에 꽂아 튀겨낸 일본식 꼬치 요리.

기억하는데, 그게 뭔지가 기억이 안 났다. 죽순인가 생각하면서 주문했는데, 주문 후 검색해 보니 표고버섯이었다. 뭔지도 모르면서 좋아한다는 기억만 남아 있는 게 이상하고도 재미있었다.

시원한 얼음과 콜라가 가장 먼저 나왔는데 생각보다 맛있었다. 콜라가 맛있었던 것은 아주 어렸을 때 이후로 처음인 것 같았다. 곧 다른 요리들도 나왔다. 갓 튀겨낸 꼬치가 다섯 개, 그리고 먹음직스러운 흰밥과 김치. 우선은 가장 왼쪽에 있던 소고기 쿠시카츠부터 먹었다. 한입 베어 물자마자 엄청난 풍미가 따뜻함과 함께 느껴졌다. 사실 나는 튀김 요리를 좋아하지 않아서 쿠시카츠에 대해서도 별 기대 없었는데, 내가 튀김을 안 먹는 이유인 무거운 튀김옷과 과한 기름기가 전혀 없고 매우 담백하면서도 감칠맛이 터졌다. 소고기 쿠시카츠는 크기가 꽤 작았는데 확실히 그 크기여야 튀김옷과 1:1의 조화를 이루면서 쿠시카츠로서 완벽할 것 같았다. 소고기를 다 먹고는 바로 돼지고기 쿠시카츠를 집어 들었다. 소고기의 3, 4배는 되는 듯한 기분 좋은 육향과 감칠맛이 느껴졌다. 황홀한 기분에 휩싸인 채로 밥을 한 젓가락 입에 넣고 쿠시카츠와 함께 음미했다. 역시 밥을 주문하길 잘했다. 밥의 존재로 인해 쿠시카츠를 먹는다는 행위가 완전해진다고 느꼈다. 메인 요리인 쿠시카츠를 더욱 빛나게 해 주면서도 기분 좋은 포만감을 안겨 주는 흰밥의 존재에 감사했다. 그리고 김치를 한 젓가락 먹어 보았는데, 설탕을 많이 넣었는지 매콤하고 칼칼한 느낌은 전혀 없고 달았다. 한국식 김치였다면 내 입에 더 맞았겠지만, 이런 김치라도 밥과 쿠시카츠에는 잘 어울렸고 없었다면 아쉬울 뻔했다. 그러고는 표고버섯을 한 입. 부드러우면서도 표고버섯 본연의 맛이 잘 느껴졌고 가장 큰 꼬치였는데도 금세 먹었다. 연근도 마찬가지로 연근이 본래 가진 맛이 살아 있으면서도 불과 튀김옷이 제 역할을 해 준 덕에 더욱 맛있어졌다. 대파 쿠시카츠까지 먹는 중에도 밥과 김치를 잊지 않고 즐겼고 도중에 마시는 콜라 한 모금도 환상적이었다. 꼬치 다섯 개를 먹고는 추가 주문을 했다. 정말 맛있었던 돼지고기를 하나 재주문하고, 궁금했던 마늘과 죽순을 하나씩 주문했다. 표고버섯, 연근, 대파를 먹느라 잠시 잊었었던 돼지고기 쿠시카츠의 맛을 다시 느끼며 또 한 번 그 맛에 매혹되었다. 다음은 마늘 쿠시카츠였는데, 썰지 않은 마늘 세 개가 한꺼번에 튀겨져 있었다. 본래 마늘을 통으로 구워 먹는 걸 즐기지 않는데도 마늘 쿠시카츠를 한 입 베어 무니 그 맛이 왠지 익숙했고 한국적인 맛이라는 느낌이 들었다. 마지막으로 죽순 쿠시카츠. 죽순을 먹는 것 자체가 처음이었고 맛이 궁금한 재료 중 하나였는데, 다른 재료들보다도 월등히 딱딱했고 맛은 연근에서 잡맛을 뺀 듯한 맛이었다. 다른 것들보다 특별히 맛있지는 않았지만 마무리로서 깔끔해서 좋았다.

일어날 때가 되니 밥은 물론이고 김치까지 모두 비운 상태였다. 김치가 맵지 않아 오히려 저항 없이 많이 들어갔던 것 같다.

몹시 만족스러운 기분으로 식사를 마쳤다. 야키토리에서의 실패를 이 이상 잘 만회할 수는 없었을 것이다. 맛이 매우 좋았을 뿐만 아니라 쿠시카츠라는 새로운 세계를 알 수 있어서 더욱 좋았다. 가게 이름은 쿠시카츠 하나구시(くしかつはな串)로, 언젠가 다시 오고 싶다고 생각했다. 식사 후 가게 앞 세븐일레븐에 들러 커피 젤리, 푸딩 그리고 물을 사서 료칸으로 향했다.

료칸에 도착하고는 뮤지컬 팬텀의 팬북도 읽어 보고 인터넷으로 배우 정보도 찾아보았다. 크리스틴 역은 더블 캐스팅으로 마아야 키호(真彩希帆) 씨와 사라(sara) 씨 두 분이 연기했는데, 팬북의 사진을 보고 오늘의 배우는 사라 씨였다고 생각했다. 그런데 뮤지컬 공식 홈페이지에 들어가 보니 사라 씨는 컨디션 불량으로 공연에 나오지 못하고 있어 마아야 키호 씨 단독 캐스팅으로 무대가 진행되고 있다고 나왔다. 그렇다는 건 오늘의 배우도 마아야 키호 씨라는 것인데, 무대에서 봤던 얼굴과 팬북 속 얼굴이 달라 보여서 좀처럼 믿을 수 없었다. 무대 위에서의 그녀가 훨씬 아름답고, 그녀의 사진은 그녀를 제대로 담아내지 못한 듯 보였다. 단순히 내가 사람의 얼굴을 보는 눈이 없어서 잘 알아보지 못한 것일 수도 있겠지만, 그녀는 사진 속에 갇혀 있어서는 안 되겠다는 생각이 들었다. 에릭 역할의 남자 배우도 내가 완전히 잘못 짚었었다. 카토 카즈키(加藤和樹) 씨와 시로타 유우(城田優) 씨 중 오늘은 시로타 유우 씨가 출연했다고 생각했다. 카토 카즈키 씨의 얼굴은 잘 몰랐지만 시로타 유우 씨의 사진은 본 적이 있는데, 스페인계 혼혈로 외모가 서구적이라 눈에 띄는 편이었다. 오늘 공연의 에릭은 콧대가 뚜렷한 서구적인 얼굴 골격을 하고 있었고, 내 바로 왼쪽에 앉은 여성이 에릭이 나올 때마다 그를 향해 쌍안경을 들고 볼 정도로 엄청난 팬이기도 해서 그가 시로타 유우 씨라고 생각하고 공연을 보았다. 그런데 카토 카즈키 씨의 SNS를 보니 오늘 낮 공연을 잘 마쳤다고 올라와 있었다. 믿을 수 없어 공연 사이트에 들어가서 출연진을 확인해 본 결과 오늘의 에릭은 카토 카즈키 씨라고 나와 있었다. 카토 카즈키 씨는 사진상으로는 서양적인 분위기가 전혀 느껴지지 않고 완전히 일본인이라는 느낌인데, 실제로 보면 얼굴 골격이 매우 입체적이고 서구적인 느낌이 난다. 이러한 사실들에 혼란과 놀라움을 느끼면서 나는 오늘의 배우가 마아야 키호 씨와 카토 카즈키 씨라는 사실을 받아들이기 시작했고, 마아야 씨의 SNS를 찾아 팔로우했다. 또 이 황홀한 무대를 다시 보고 싶다는 생각에 8월과 9월 중 남은 공연을 찾아보았다. 도쿄 공연이어도 좋고 주말이면 다른 일정을 취소하고 가도 좋으니 티켓이 남아 있기를 바랐는데, 이미 전석 매진 상태였다. 마아야 씨의 팬텀을 두 번 다시는 볼 수 없을지도 모른다니 몹시 아쉬웠지만 어쩔 수 있는 노릇도 아니고 오늘 그녀의 팬텀을 경험한 것이 정말 큰 행운이었다고 다시금 느꼈다. 언젠가 또 기회가 된다면 나는 무대 위의 그녀를 보러 갈 것이다.

시간예술에 대해 생각해 보게 되었다. 현대의 경제 구조에서 무대 연극이나 뮤지컬보다는 드라마나 영화가 효율적이고 돈이 되는 산업이라고 생각한다. 공연을 하는 날마다 공간과 소품, 인력을 필요로 하는 데다가 배우의 그날그날의 컨디션에도 좌우되는 무대극은 노력이 많이 들고 리스크도 크다. 그에 반해 영화나 드라마는 한 번 촬영해 만들어 두면 시간과 공간을 초월해 수많은 관객이 볼 수 있게끔 배포할 수 있으니, 무대극에 비하면 속편하다는 말이 나올 정도로 효율이 높다고 생각한다. 그래서 한편으로는 무대극이라는 산업은 한계가 명확하다고도 생각하고 있었다. 그런데 오늘 공연을 보고 뚜렷하게 느꼈다. 절대로 다시 볼 수 없기에 생겨나는 가치도 있다고.

똑같은 일이 반복되는 것은 절대로 있을 수 없는 일이다. 내일도 우메다 예술극장에서는 「팬텀」 공연이 펼쳐지겠지만 그것은 오늘의 공연과 같은 공연이 아니다. 같은 대본으로 진행되지만 같은 극이라고는 할 수 없다. 음악도 그렇고 모든 순간이 그렇다. 오늘 훌륭한 무언가를 이뤘다고 해도 그와 똑같은 훌륭함을 내일은 낳을 수 없다. 내일의 훌륭함은 오늘과는 다른 훌륭함일 것이고 그렇기 때문에 오늘의 훌륭함은 다시는 발생할 수 없는 특정하고도 유일한 것이다. 물론 그 한 번의 훌륭함은 기억되지 않을 수도 있고 하나의 사건이 오직 한 번만 발생한다는 사실은 덧

없기도 하지만, 그렇기에 사람은 그 한 번의 순간에 사로잡히기도 하는 것이라는 생각이 들었다. 다시는 있을 수 없는 일이라는 걸 알기에 잊지 않으려고 하고 기억 속에 잡아 놓으려고 한다. 잊지 못하는 게 아니라 잊지 않게 된다.

사실 나는 뮤지컬 배우나 연주자 같은 직업은 위험성도 크고 무모한 직업이라고 생각하고 있었다. 자신의 모든 연습과 노력을 하나의 순간에 탁월하게 선보여야만 하는 데다, 미술이나 문학과 달리 그 순간이 지나면 예술의 구체가 사라진다. 그런 성격의 일에 평생을 바치는 건 다소 현실감이 없다고 생각했지만, 지금 생각하니 그 방식은 삶이 작동하는 방식과 닮아 있다. 모두가 한 번 뿐인 순간들을 가지고 살아간다. 본래 순간이란 다시는 돌아오지 않는 법이므로, 또 지금 이 순간이 자신에게 주어진 유일한 순간이므로 그것을 있는 힘껏 채우는 것이 예술가가, 인간이 할 수 있는 최대치이다.

동영상은 이런 불변의 법칙을 깨고 한 순간을 영구 보존하는 효과를 가지지만, 우리가 살아가는 현실과는 성질이 다르다. 오늘 공연을 봐서 정말 좋았다고 생각한다. 그들이 힘껏 채워낸 예술적 순간을 온몸으로 경험할 수 있었다는 것에 대해 진심으로 감사한다.

뮤지컬 팬텀에 대해서 이런저런 조사를 마치고는 오늘 본 교토츠쿠바 고등학교에 대해서도 알아보니 그곳이 통신제 고등학교라는 사실을 알게 되었다. 통신제 고등학교는 인터넷 통신 교육 과정을 제공하는 학교로, 학생들은 학교에 매일 등교하지 않아도 수업을 이수할 수 있다. 과연 그 건물에 학생들이 매일 드나들기는 어려워 보였으니 이해가 되었다. 일본 지식 공유 사이트에는 실제로 아들을 통신제 고교에 보내 만족한다는 부모의 글이 있었고, 유튜브에서는 시간을 자유롭게 쓸 수 있다는 점에서 통신제 고교에 대해 긍정적으로 평가하는 고등학생의 댓글도 보았다. 실제로는 이런 긍정적인 의견만 있는 건 아니겠지만 통신제 학교라는 선택지가 있다는 점과 통신제 교육을 통해 얻을 수 있는 학업 수준이 일반 학교 교육보다 떨어지지만은 않는다는 점에서 나는 높게 평가하고 싶다.

숙소에서 시간 가는 줄 모르고 인터넷 검색에 몰두했다. 다음 날은 아침 8시 30분에 조식을 먹으러 가야 했기에 너무 늦지 않은 시간에 취침하기로 했다.

여름 4: 교토

2023. 7.30. (일)

8시 20분에 눈을 떴다. 조식을 먹으러 가기 전 나갈 준비를 하면서 이날의 일정 흐름을 머릿속으로 되짚어 보았다. 교토 어소, 카모미오야 신사와 카와이 신사, 교토 대학, 다도 체험. 가벼운 준비를 마치고는 조식을 먹으러 향했다. 카운터에 가니 체크인할 때 있었던 직원이 자리를 지키고 있었고, 그 직원이 나를 식당으로 안내해 주었다. 식당은 일본풍과 서양풍이 조화롭게 어우러진 분위기였고 테이블 두 개와 카운터 좌석이 있었다. 테이블 옆 유리 벽 너머로는 작은 일본식 정원이 꾸며져 있었으며 안쪽 테이블에서는 서양인 관광객 두 명이 식사하고 있었다. 나는 문에서 가까운 테이블로 안내받았다. 조식 메뉴는 정해져 있는 모양인지, 메뉴를 주문할 것도 없이 요리를 기다렸다. 이윽고 밥과 네 가지의 소스, 나무 찜통이 나왔다. 친절해 보이는 중년의 여자 점원이 뚜껑이 닫힌 나무 찜통을 내려놓으며 오늘의 요리는

연어라고 말해 주었다. 연어는 평소에 좋아하는 식재료라, 두근거리는 마음으로 뚜껑을 열었다. 나무 찜기 안에는 분홍빛 연어가 크게 세 조각 있었고, 그 옆에는 둥글게 썬 가지와 꽃 모양의 당근, 맛깔스러운 색의 단호박, 양파, 팽이버섯, 배추가 놓여 있었으며 위에는 레몬이 보기 좋게 올려져 있었다. 찐 채소 특유의 담백한 향이 느껴져 건강하고 기분 좋은 맛이 그려졌다. 간이 세지 않은 채소와 부드러운 연어 살은 아침 식사로 제격이었다. 영양가 있고 기분까지 산뜻해지는 식사였다. 후식으로는 안미츠가 나왔다. 체크인할 때 작성한 체크리스트에 후식으로 아이스크림과 안미츠 중 하나를 고르게 되어 있어서 안미츠를 선택하기는 했는데, 정작 무슨 음식인지는 몰랐고 단순히 안(あん, 팥)이라는 글자만 보고 팥이 들어간 디저트일 거라고 생각했다. 실제로 나온 안미츠는 팥 디저트가 아니라, 설탕을 두부처럼 네모나게 만든 것과 과일이 어우러진 새콤달콤한 디저트였다. 설탕의 단맛이 다소 강하기는 했지만 맛이 나쁘지는 않았다.

아침을 먹고는 다시 방으로 돌아왔다. 잠시 느긋하게 쉬다가 옷을 차려입고 필요한 물건도 챙기니 시간은 어느덧 10시가 되어 있었다. 오늘의 첫 일정인 교토 어소(御所, 왕의 거처)에 가기 위해서는 지하철을 타야 했다. 일본 지하철은 처음이라 불안하기도 했지만 우선은 지하철역으로 가기로 했다. 고쵸 역에 도착하기까지 햇볕이 꽤 뜨거웠다. 고쵸 역의 승차권 발권기에서 220엔의 지하철표를 발권하고 플랫폼으로 향했다. 지하철은 처음이었지만 열차는 타 봤기에 방면만 파악하면 대중교통을 타는 것은 그리 어렵지 않다는 건 알고 있었다. 내가 타려는 지하철은 금방 들어왔다. 일요일 오전 10시치고 사람이 꽤 많았다. 그런데 마루타마치역에서 내려야 할 것을 잘못 생각해서 하나 전인 카라스마오이케역에서 내려 버렸다. 표를 하나 더 끊자니 번거롭고, 카라스마오이케역에서 15분가량만 걸으면 다음 역에 도착한다고 하니 걸어가기로 했다. 열심히 걸었더니 교토 어소의 모습이 보이기 시작했는데, 들어가는 문이 어디인지 알 수 없었다. 하는 수 없이 어소 주변을 조금 걷다가 안쪽으로 통하는 길이 보여 그쪽으로 들어갔다. 바닥에는 작은 돌멩이들이 깔려 있었고, 어소의 건물들은 담장 안쪽에 있어 그리 잘 보이지는 않았다. 처음 어소에 들어갔을 때의 풍경은 그렇게 인상적이지는 않았고 그와 비슷한 풍경을 제주 어딘가에서도 본 것 같았다. 생각해 보니 삼성혈과 관덕정을 합친 것 같은 풍경이었다.

조금 둘러보니 안내 센터가 있어서 그곳에서 지도를 한 장 챙겼다. 지도를 보며 어소의 입구로 향하고는 입구 기준 오른쪽으로 걷기 시작했다. 그 방향에 연못이 있다고 나와 있었기 때문이다. 조금 걸으니 탁 트인 넓은 평지가 나왔고 오른쪽에 작은 연못과 다리가 있었다. 다리에 올라 풍경을 바라보니 푸른 수목과 분홍색의 꽃나무, 작은 일본식 건물이 어우러져 좋은 느낌이었지만 물이 꽤나 탁했다. 더 오래 구경할 마음은 들지 않아 다리에서 내려와 계속 오른쪽을 따라 걸었다. 지도에 나온 교토 오오미야 어소(京都大宮御所)나 교토 영빈관(京都迎賓館)을 구경하려고 했는데 담장 바깥에서만 볼 수 있고 내부에 들어갈 수는 없었다. 이래서야 강 건너에서 구경만 하는 것과 다를 바 없었다. 다행히 가장 메인이 되는 교토 어소 일대는 내부를 개방한 상태였다. 문 앞에는 경찰이 서 있었고 안에서는 5, 6명의 관리 인원이 방문객에게 방문객 목걸이를 주며 소지품 검사를 하고 있었다. 자유 개방은 되고 있지만 일반적인 관광지 이상으로 엄중하게 보호되고 있는 모양이었다. 생각해 보면 옛 성터를 단순히 관광지로만 생각했던 내가 안일했고 테러나 훼손의 위험으로부터 철저히 보호하는 것이 이치에 맞다. 자국의 문화재를 수호하려는 정신을 느낄 수 있었다.

더운 날씨에 오래 걸은 탓에 어소 내의 건물들을 차분히 하나씩 감상하지는 못했다. 그래도 다홍색과 하얀색의 조화가 특징적인 건물은 기억에 남는다. 색채 배치 자체가 일본의 건축물로서는 특이하다고 생각했고, 다홍색의 강렬한 인상이 중국의 건축물을 연상시키기도 했다. 하지만 어디까지나 빨간색이 아닌 다홍색이었다는 점, 그리고 다홍색이 아닌 부분은 모두 하얀색인 데다 장식이 없어 소박한 느낌을 주었다는 점에서 일본식이라는 것을 느낄 수 있었다. 언뜻 보면 화려하지만 다시 들여다 보면 소박하고 단정하다. 다른 건축물에서는 느껴본 적 없는 독특한 감각이었다.

그러고 몇 분 더 걸으니 아주 아담하고도 고즈넉한 정원 풍경을 볼 수 있었다. 작은 냇가를 가로지르는 나무다리가 하나 있었고, 주변의 나무와 풀들은 서로 다른 초록색을 드리웠다. 투명한 맑은 물은 돌과 나무를 비춰 내었고 나뭇잎의 틈 사이로는 햇볕이 흘러들어왔다. 그림 같다는 말로는 설명할 수 없는 생생한 풍경이었다. 나무뿐만 아니라 물도 햇빛도 살아 있다는 느낌이 들었다.

정원을 마지막으로 어소 구경도 마쳤다. 방문객 목걸이를 반납하고 나오고도 성터에서 어소 바깥으로 나가기 위해서는 한동안 걸어야 했다. 성터에서 나가기 직전에 성터 안의 공터에서 야구 경기를 하는 초등학생들을 보았다. 학교 간 경기를 하는 듯했는데, 선생님은 "컨디션 안 좋은 사람?"이라고 물으며 학생들의 상태를 확인했다. 특별한 대답이 없었던 것으로 보아 몸 상태가 나쁜 학생은 없었던 모양이었다. 이 더위에 걷기만 해도 꽤 지치는데, 야구를 하면서도 약한 소리 하는 아이가 없다니 어쩐지 기특한 마음이 들었다. 선생님도 학생들도 일요일까지 일심전력으로 노력하는 모습에 마음이 충만해졌지만, 외부인이 지켜보면 괜한 방해가 될 듯해 잠시만 살펴보고는 자리를 떴다.

교토 어소를 뒤로하고는 일단 카페로 향해야겠다고 생각했다.

두 시간이나 뜨거운 햇볕 아래서 걸었으니, 휴식이 필요했다. 걷다 보니 카모 강이 보였다. 일본에 오기 전 언니가 카모 강이 유명하다고 말해 줬는데, 나중에 보여주려고 강 이름이 나온 안내판을 사진으로 찍어 두었다. 사진을 다시 보니 안내판에는 "일급 하천 카모 강"이라고 적혀 있다. 과연 일급 하천답게 이날 카모 강에서는 백로도 볼 수 있었다.

강에서 가까운 커피 하우스 마키(Coffee House Maki)라는 가게에 방문했다. 오래전부터 영업해 온 전통 있는 카페인 듯했다. 우선은 자리를 안내받고 아이스 커피 한 잔을 주문했다. 커피가 준비되는 동안 주변을 조금 둘러보니 대부분 토스트를 먹고 있었다. 검색해 보니 이곳은 토스트가 포함된 모닝 세트가 유명한 모양이었다. 꽤 맛있어 보인다고 생각하면서도 일단은 커피부터 마셔 보기로 했다. 햇볕 아래 오래 있다가 마신 아이스 커피 한 모금은 역시 좋았다. 커피를 마시며 한숨 돌린 후에는 햄 샌드위치를 추가 주문했다. 이왕 쉬러 온 김에 조금이나마 체력을 보충하기 위해서였다. 주문한 지 얼마 안 되어 햄 샌드위치가 나왔는데, 굽지 않은 식빵의 하얀 부분을 네모나게 자른 것 사이에 햄과 얇은 양배추를 넣은 간단한 구성이었다. 모닝 메뉴의 토스트보다는 구성이 적었지만 빵의 부드러운 부분만 있으니 먹기 편했고 허기를 달래는 데에는 부족함이 없었다. 시원한 실내에서 음식도 먹으니 피로가 풀려서, 1시경에는 가게에서 나와 다시 걷기 시작했다.

이번에 향할 곳은 카모미오야 신사(賀茂御祖神社)와 그 섭사인 카와이 신사(河合神社)였다. 두 신사는 인접해 있으며, 카모미오야 신사는 2000년의 역사를 가진 문화재이고 카와이 신사는 여성 수호의 신을 모시는 신사이다. 신사까지 가는 길에 다시 카모강을 구경할 수 있었다. 물이 깨끗한 데다 강 중간에 돌로 계단식 장식이 되어 있어 보기도 좋았다. 강의 양옆에는 산책하거나 자전거를 타기 좋도록 길이 조성되어 있어 주민들에게 편리할 것 같았다. 실제로 강을 따라 조깅하는 사람도 있었다.

신사 앞의 길 이름은 미카게 거리였다. 신사 입구에 도착하니 바로 카와이 신사로 들어갈 수 있었다. 주홍색 토리이를 지나면 돌로 만들어진 작은 손 씻는 곳이 있었다. 지금 알아보니 신사에 있는 이런 손 씻는 곳은 테미즈야(手水舎)라고 부르고, 그곳에서 손을 씻는 행위는 미타라이(御手洗)라고 한다. 시원한 물로 손을 씻으니 더위를 헹궈내는 것 같았다.

카와이 신사 입구의 나무에는 '여성 수호 일본 제일 미려신 카와이 신사'라고 한자로 적혀 있었다. 신사 내부는 아담했고 기모노를 입은 젊은 여성들의 모습이 보였다. 에마도 거울 모양으로, 동그란 거울 에마에 얼굴을 그려 걸어 놓는 것이 이곳의 전통인 듯했다. 나는 에마는 사지 않고 동전을 넣어 참배만 한 번 했다.

카와이 신사에서 나오고는 카모미오야 신사로 이어지는 숲길을 걸었다. 흙과 돌이 깔려 있어 자연적인 느낌을 내는 길의 양쪽으로는 나무가 울창했고 나뭇가지로부터 돋아난 무성한 나뭇잎들이 하늘을 가렸다. 그것까지는 좋았는데, 사람이 몹시 많았고 공기가 상쾌하지 않았다. 카모미오야 신사까지의 긴 길 내내 노점들이 들어서 있었는데 빙수나 아이스크림 외에도 야키소바 같은 철판 요리도 팔고 있어 길에는 사람들의 기운뿐만 아니라 철판 열기도 가득했다. 만약 이곳의 당시 모습을 사진으로만 봤다면 나도 좋은 풍경이라고 생각했을지도 모른다. 하지만 실제로는 수많은 노점과 사람이 자아내는 불청결한 기운에 시달렸다. 마침내 카모미오야 신사의 토리이에 다다랐다. 동시에 토리이 너머에 있는 끝없는 대열을 보고 신사 구경은 관두자는 판단이 섰다. 명쾌하게 내린 판단에 바로 신사를 뒤로하고 테미즈야로 갔다. 카모미오야 신사의 테미즈야 옆에는 작은 개울이 있었고 어린아이들이 맨발로 개울물을 즐기고 있었다. 돌이 깔린 개울은 어렸을 때 종종 갔던 제주 절물 자연 휴양림의 모습과 닮아 있었다. 흐르는 물에 발을 담그고 놀던 기억이 난 것도 잠시, 어서 여기서 나가자고 생각하고 왔던 길을 되돌아갔다. 돌아가는 길에는 금붕어 잡기 노점도 보았다. 일본 축제 일러스트 등에서는 금붕어 잡기가 재미있는 축제 문화인 것처럼 그려지지만 실제로 보니 물고기를 장난감 취급한다는 느낌이 컸다. 동물 보호에 관한 생각을 특별히 깊게 하지는 않는데도 보고 있자니 그다지 유쾌한 기분은 안 들었다.

마침내 노점 숲길을 빠져나와 미카게 거리로 돌아왔고, 교토 대학을 향해 걷기 시작했다. 신사로부터 흘러나온 개울이 민가 사이를 고요히 지나가는 모습이 좋았다. 교토 대학까지의 길은 내내 조용했다. 이 순간은 관광이라기보다는 이곳 사람들이 실제로 생활하는 공간에 잠시 실례한 듯한 감각이었다. 작은 골목에 있는 어린이 놀이터에서 중학생 정도로 보이는 남학생이 혼자서 축구 연습을 하고 있었다. 슈팅을 연습하는지 공을 차는 동작을 계속 반복했다. 잘하고 싶어서 혼자서 묵묵히 연습하는 기분을 알 것 같았다. 혼자 연습하는 그에 대해 어떤 생각을 한 것 자체가 좀 미안했지만 그래도 그가 열심히 했으면 좋겠다는 생각이 들었다.

카모미오야 신사에서 나온 것이 1시 45분경, 교토 대학 부근에 도착한 것이 2시 15분경이니 신사에서 교토 대학까지 30분쯤 걸은 셈이다. 내가 간 방향에서는 교토 대학 종합 박물관이 가장 먼저 보였다. 시간적 여유도 있었고 실내에서 느긋하게 구경해도 좋겠다고 생각해서 입장했다. 입구에서 관람권을 구매하고 들어가니 조금 엄숙하면서 한편으로는 바깥과 동떨어진 듯 신비로운, 박물관 특유의 독특한 분위기가 느껴졌다. 1층은 이과 학부의 전시가 주를 이루었다. 색색의 다양한 암석들, 코끼리의 머리뼈, 유인원 연구의 보고, 곤충 박제 등 다양한 전시가 있었다.

일본 장수 도롱뇽의 뼈도 있었다. 어제는 수족관에서 봤는데 오늘은 박물관에서 뼈로 만나다니. 2층으로 올라가니 문과 학부의 전시가 있었다. 옛 마을 문서와 마을 지도를 볼 수 있었는데, 지도의 그림이 매우 세밀한 데다 글자까지 빼곡히 적혀 있어 상당한 노력이 느껴졌다. 마을의 자연환경과 집들을 속속들이 조사하고 비율이나 축척도 반영해야 하니 간단한 작업이 아니었을 것이다. 지금 생각해 보면, 마을 지도 하나 만드는 데에도 상당한 기술이 필요한데 세계 곳곳의 지리 정보를 제공하는 현대의 인터넷 지도는 정말 놀랍다. 위성 지도가 자리 잡은 지금, 다른 나라의 구석구석까지도 검색해서 찾아볼 수 있고 GPS로 자신의 위치를 지도상에서 파악해 간편하게 길 찾기를 할 수 있다. 손으로 만든 과거의 마을 지도도 경탄스럽지만, 그로부터 거듭 발전을 이루어 현재는 위성 지도를 당연하게 사용할 수 있게 되었다는 사실이 굉장하다. 관람 순서에 따라 1층으로 다시 내려오니 중국과 조선의 고대 문화에 대한 전시가 있었다. 한반도의 유물로 꽃문양이 새겨진 기와가 전시되어 있었고 무령왕릉의 사진도 있었다.

관람을 마치고 1층의 의자에 앉아 잠시 휴식했다. 시간은 3시 10분이었으므로 5시에 있을 다도 체험까지는 여유가 있었다. 이내 교토 대학 부지 안으로 발걸음을 옮겼다. 입구 중 한 곳으로 들어가 중앙의 100주년 기념관을 향해 걸으려는데, 시야 오른쪽 건물의 1층에서 수많은 학생이 공부하는 모습이 보였다. 일요일이라 대학 내부에 사람이 많이 없을 거라고 생각했고 실제로도 거닐고 있는 학생들은 많이 없었던 터라 도서관 안에 학생들이 가득한 모습을 보고는 놀랐다. 휴일인데도 공부에 열중하는 모습을 보니 응원하고 싶어지기도 하고 조금은 부럽기도 했다. 물론 내가 저 도서관에 앉아 다가오는 시험을 준비하고 있다고 생각하면 썩 유쾌하지는 않지만, 그래도 좋은 환경에서 공부에 몰두할 수 있다는 것은 행복한 일이라고 생각한다.

도서관을 지나니 크지 않은 건물들 사이에 자전거 주차장이 있었다. 그렇게 많은 자전거가 한데 세워져 있는 것은 처음 봤다. 자전거 주차장 바로 옆에는 교육학부 건물이 있었다. 이곳 또한 건물 자체가 특별히 눈에 띄는 것은 아니었고 외관 자체는 내가 다니는 국내 교육대학과 비슷하게 느껴지기도 했다.

교육대학 건물을 보고는 대학 중앙을 향해 계속 걸었다. 당연한 말이지만 캠퍼스 내의 사람들은 대부분 이곳의 학생 같았고 캠퍼스를 구경하기 위해 온 방문객은 거의 없는 듯했다. 다른 사람들에게는 나도 학생으로 보일 거라고 생각하니 왠지 거짓말을 하는 듯한 기분이 들었다. 나는 이곳 사람이 아닌데 마치 학생인 양 거닐고 있다는 사실을 나뿐만 아니라 그곳의 학생들도 알 것만 같았다.

지금 생각해 보면 그 누구도 나를 향해 핀잔의 시선을 보내지 않았을 것은 당연하다. 그럼에도 내가 그런 생각을 가졌던 이유는, 교토 대학에 온 이유 중 하나는 나도 이곳의 일원이 되고 싶다는 마음이 조금이나마 있기 때문이었을 것이다.

교토 대학에 방문할지에 대해서는 여행 계획을 짤 때 고민했었다. 명성 높은 국립 대학이니 꼭 방문하고 싶다는 마음도 있었지만, 그곳에서 내가 느낄 박탈감이나 소외감이 두렵기도 했다. 고등학생 때 교육청의 추천을 받아 일본 대학에 입학할 기회가 있었고, 실제로도 일본에서 대학 생활을 하면 어떨까도 생각했었다. 하지만 여러 사정이 겹쳐 결국 일본 대학 입학은 시도하지 못했다. 국내 대학에 진학했기에 할 수 있었던 여러 가지 값진 경험들이 있으므로 이제는 미련이 없지만 한때 쫓고 싶었던, 결국에는 이루지 못했던 꿈의 현장에 실제로 발을 들여 버리면 미련 같은 감정이 피어오를지도 모른다. 그리고 대학에 방문한다고 해서 이곳의 대학 생활을 체험할 수 있는 것도 아니고, 캠퍼스 부지나 학생들의 모습을 조금 구경하는 것이 전부일 테니 오히려 마음만 불편해질 수 있겠다고 생각했다. 그래도 꼭 가 봐야겠다고 생각했다. 꿈에 그리던 훌륭한 대학의 모습을 일부일지라도 내 눈으로 직접 봐야겠다고 생각했고, 이 생각을 외면하고 싶지 않았다. 실제로 교토 대학에서 나도 이곳의 일원이었으면 좋겠다는 마음에서 비롯된 일종의 씁쓸한 기분이 들기는 했지만 그래도 방문해서 좋았다고 생각한다. 이곳에는 이곳이 낳을 수 있는 좋은 점이 있다면, 나는 나의 생활이 낳을 수 있는 좋은 점을 맛보고 있다.

100주년 기념관 앞의 큰 나무 근처에 앉아 조금 휴식하다가 대학의 정문으로 가 보았다. 나무와 정문은 50m도 채 되지 않을 만큼 가까웠다. 정문의 담벼락에는 교토 대학이라는 글자가 새겨져 있었고 정문으로부터 조금 떨어져 본 전경은 100주년 기념관과 어우러지며 고전적인 멋을 풍겼다. 전날 본 류코쿠 대학보다는 웅장한 풍경이었지만, 정문 바로 앞은 민가와 이어지는 골목길이어서 매우 소박했다. 교토에서 제일가는 국립 대학인데도 이런 소박함과 정갈함이 있다는 게 어쩐지 좋았다. 대학 정문에는 교토 대학 이름이 새겨진 담장 앞에서 사진을 찍는 사람들도 몇 있어, 구경차 방문한 관광객도 있다는 것을 알게 되었다. 왠지 조금 마음이 편해졌다.

교토 대학 구경을 마치고는 버스 정류장으로 향했다. 버스를 타고 마이코야(Kimono Tea Ceremony Maikoya)까지 가야 했다. 일본 버스는 처음이라 버스를 타는 문이나 요금을 내는 방법은 미리 조사해 두었다. 독특한 점은 버스가 정차하기 전까지는 일어나면 안 된다는 점이었다. 한국 버스에서는 내릴 정류장이 다가오면 미리 하차 준비를 하는 것이 매너인데, 일본에서는 안전상의 문제로 반드시 정차 후에 일어나는 것이 원칙이라고 한다. 일본에서는 정차 전에 먼저 일어나면 다른 승객들의 안전은 생각하지 않고 먼저 내리기에만 급급한 사람으로 보일 것이다. 생각해 보면 대중교통에서는 속도보다 안전이 우선순위인 것이 합당하니 선진적인 하차 문화라고 느꼈다.

5시가 되기 조금 전에 다도 체험 장소에 도착했다. 카운터에서 예약을 확인하고 기모노와 헤어 세팅을 하는 곳으로 안내받았다. 메이크업 룸은 예약자들과 세팅을 해 주는 인원으로 가득했다. 이곳에 다도 체험을 하러 온 사람들은 대부분 서양인이었고 동양 사람은 나밖에 없는 듯했다. 안으로 들어가니 다양한 기모노가 옷걸이에 걸려 있었고 직원에게 "이 중에서 원하는 기모노를 골라 주세요."라고 안내받았다. 유카타는 입어본 적이 있지만 기모노는 처음이고, 기모노를 입을 때는 다른 사람의 도움이 필요하니 앞으로도 입어 볼 기회는 많지 않다. 드문 기회인 만큼 화려한 색감을 고르고 싶어 이 옷 저 옷 살펴보았다. 푸른색이나 녹색보다는 붉은색 계열의 옷을 고르고 싶었는데, 따뜻한 색보다는 차가운 색의 옷이 더 많았다. 고심한 끝에 보라색, 진분홍색, 노란색이 어우러진 식물 문양의 기모노를 골랐다. 오비[1]를 고르기 전에 먼저 기모노를 입기 시작했다. 입는 걸 도와주는 직원이 "お茶はよく淹れられますか?"라고 내게 물었다. 아무래도 내가 일본 다른 지역에서 온 사람이라고 생각한 모양이었다. 다만 내가 질문의 의미를 이해하지 못해서 화제는 다른 쪽으로 넘어갔

1 帯 - 기모노의 허리 부분을 여미는 띠.

다. 그러다 어디에서 오셨느냐고 물어, 그제야 한국인이라고 소개했다. 그러고도 몇 마디 더 나누던 중 맥락상 아까의 질문이 차를 자주 내리느냐는 말이었다는 것을 깨달았다.

기모노를 입으며 오비를 골랐다. 채도가 높은 밝은 노란빛과 채도가 낮은, 조금 침착하고 고급스러운 노란빛 오비가 있어서 "노란색으로 하고 싶은데 이 둘 중 어느 것이 더 좋을까요?"라고 물으니 도와주시는 분이 두 오비를 나의 허리와 얼굴에 대어 보았다. 곧 "이게 더 어울릴 것 같아요."라며 채도가 낮은 오비를 선택하고는, 허리에 둘러 고정하기 시작했다. 오비까지 두르니 옷 입기는 끝났다. 헤어 스타일링으로는 머리가 짧으니 핀만 사용하는 것을 제안받았는데, 단정하게 묶어 올리고 싶어서 어려운 부탁이지만 그렇게 말씀드렸다. 양 옆머리를 조금 남기고 뒷머리는 땋아 올렸다. 왼쪽 귀 뒤에 커다란 진분홍색 꽃 핀을 올리니 헤어도 완성되었다. 오래 돌아다녀서 머리가 이리저리 뻗쳐 있었는데 단정하게 묶으니 기분도 좋았고 기모노와도 더 어울리는 것 같았다.

의상과 헤어를 마치고 다도 체험을 하는 방으로 향했다. 내가 들어갔을 때는 이미 많은 예약자가 앉아 있었고 이곳에도 서양인들이 대부분이었지만 맞은편에 중국계로 보이는 남성이 한 명 있었다. 체험이 시작되기 전에 다도 선생님이 방문객들과 출신지나 일본 여행에 대해 이런저런 이야기를 나누고 있었고 대

화는 영어로 진행되고 있었다. 내가 자리에 앉자 선생님이 내게 일본인이냐고 물어보았는데, "한국인입니다."라고 일본어로 답하였다. 그 자리에서 일본어를 아는 사람은 아마 선생님뿐이었을 테니 영어로 대답하는 게 더 적당했을지도 모르지만, 질문하는 사람이 일본인이었고 공간도 일본적이어서 반자동적으로 일본어 대답이 나왔다. 내가 앉은 자리 앞을 살펴보니 간단한 다식과 말차 가루, 차를 저을 때 쓰는 듯한 거품기 같은 도구가 있었다. 차려진 게 많지 않았지만 그 소박하고 군더더기 없는 느낌이 좋았다. 조금 더 기다리니 체험자가 모두 들어왔고 곧 본격적인 수업이 시작되었다. 선생님께서는 일본에서 다도가 갖는 의미를 먼저 이야기해 주셨다. 화경청적(和敬清寂), 즉 차를 낼 때의 온화하고 조심스러운 태도에 관해서 이야기하며 우선 자리 앞의 화과자를 맛보도록 하셨다. 화과자는 두 가지로, 첫 번째로 맛본 것은 얇은 밀가루 생지 안에 팥이 들어 있는 과자였다. 이름을 찾아보니 야츠하시(八つ橋)라고 한다. 밀가루 생지의 겉면에는 하얗고 촘촘한 밀가루가 붙어 있어 순수하고 고소한 맛이 날 것 같았다. 먹어 보니 보기보다도 밀가루 맛이 강했고 설탕은 전혀 넣지 않은 듯 밀가루와 팥이 가진 슴슴한 맛이 났다. 두 번째로 맛본 것은 설탕을 굳혀 만든 듯 딱딱해 보이는 히가시[2]였다. 이것도 단맛이 강하지 않았고 사탕과도 달라서 입안에서 가루가 퍼

2 干菓子 - 수분이 거의 없는 화과자의 일종. 겉모습은 사탕과 닮았다.

지는 듯한 식감이었다. 둘 다 아주 익숙한 맛은 아니었지만, 입맛에 맞았고 기분 좋게 먹었다. 내 오른쪽 자리의 서양인들은 화과자를 입에 넣고는 서로를 쳐다보며 얼굴을 찡그렸다. 처음에는 화과자가 서양인에게는 얼굴을 찌푸릴 만한 맛인가 하고 의아했는데, 먹으면 먹을수록 서양인에게는 낯설 수밖에 없는 맛이겠다고 납득했다. 나는 식문화가 비슷한 지역에서 성장해서 거부감 없이 맛봤지만, 그들에게는 완전히 새로운 경험이었을 거라는 생각이 들었다.

화과자를 먹고는 본격적으로 차를 내는 방법을 배웠다. 선생님은 나무로 만든 거품기 같은 솔을 들어 차를 젓는 모습을 시연하며, 손목의 움직임을 이용해서 앞뒤로 빠르게 저어 거품을 내는 것이 중요하다고 했다. 시연을 마치고는 뜨거운 물을 각자의 컵에 부어 주었고 나를 포함한 체험자들은 선생님의 지도에 따라 열심히 차를 저었다. 나는 좀처럼 거품이 나지 않아 선생님의 도움을 받았다.

거품을 내어 완성한 차는 예상보다도 탁하고 진했다. 녹차를 떠올렸을 때 생각나는 맑은 색이 아닌, 불투명한 녹색을 띠고 있었다. 한 모금 마시니 역시나 여태까지 마셔 본 차 중 가장 진했다. 과장해서 말하자면 말차 분말의 맛이 그대로 혀에 전해지는 듯한 감각이었고, 내 입에는 괜찮았지만 지금 생각하면 서양인의 입에는 몇 배나 강렬하게 느껴졌을 게 분명하다. 시음 후에 이어진 선생님의 말씀으로는 단지 말차를 마시고 싶을 뿐이라면 스타벅스에 가면 되지만 이렇게 시간을 들여 다도를 하는 이유는 명상에 있다고 한다. 과연 의복을 갖춰 입고 단정한 자세로 앉아 정중히 다도에 임하는 이 하나의 의식이 단지 차를 한 모금 마신다는 행위만을 위한 것이 아님을 느꼈다. 경건하고도 온화한 태도로 다기를 다루고 한 잔의 녹빛 차에 정신을 집중하는 것 자체에 어떤 의미가 있다는 걸 느낄 수 있었다.

수업을 마치고는 정원과 도로 앞을 둘러보며 사진을 몇 장 찍었다. 일본식 정원에서 서 있는 나의 뒷모습을 어떤 미국인 여성이 찍어 주었다. 그녀의 눈에는, 즉 한국도 일본도 아닌 외부인의 시선에서는 내 모습도 일본의 일부라고 인식될 수 있다는 걸 깨닫게 되었다.

사진 촬영도 마치고는 원래의 옷으로 갈아입고 밖으로 나갔다. 기모노를 입은 시간은 단지 한 시간 반 정도였지만 그새 익숙해졌는지 평상복으로 갈아입으니 내가 원래의 내 옷을 입은 건지, 아니면 원래의 옷을 벗고 새로운 옷을 입은 건지 헷갈리는 듯한 신기한 감각이 들었다. 저녁 식사도 이 체험 프로그램을 통해 예약했기 때문에 안내받은 식당으로 향했다. 예약할 때는 식사도 다른 사람들과 같이 하는 줄 알았는데 예약한 팀별로 따로 식사를 하는 시스템인 모양이었다.

나 이외의 사람 중에서는 가이세키[3] 저녁 코스를 예약한 사람이 없는 듯했고 나는 혼자 식당으로 향했다. 걸어서 5분 정도 걸릴 거라 생각했던 식당은 생각보다 멀었고 가는 데 15분 정도 걸렸다. 식당은 번화한 거리 한복판에 있었지만 입구에 돌과 나무, 물로 꾸며진 아담한 정원이 있어 인상적이었다. 가게에 들어가니 바로 자리로 안내받았고 다른 손님은 많지 않았다. 점원은 하늘색 기모노를 입고 있었고, 시종 웃는 얼굴로 응대하면서 잘 알아들을 수 없을 정도의 경어를 사용했다. 아름다운 빛깔의 기모노와 일본식으로 단정하게 묶어 올린 머리, 그리고 조리[4]까지 완벽하게 갖춘 모습에 감탄하면서도 한편으로는 걱정이 되었다. 일하는 날마다 본격적으로 스타일링하는 것부터가 보통 일이 아닐 테고 기모노와 조리로는 움직이기도 상당히 불편할 텐데도 흐트러짐 없는 용모와 태도로 접객하는 것이 대단하다고 생각했다. 저 점원의 정신력이 특별히 뛰어난 건지 아니면 원래 저 정도의 프로 정신을 발휘해서 일하는 것이 일본의 일반적인 규준인지는 모르겠지만 인상적이었다.

이윽고 식사가 시작되었고 다양한 요리가 조금씩 차례로 제공되었다. 처음에는 투명하고 따뜻한 차로 시작해서 연어알과 무절임 등 작은 요리가 나오기 시작했다. 그 뒤로는 생선과 두부를

---

3 会席 - 일본 전통식 저녁 코스 요리.

4 草履 - 일본의 전통 짚신. 슬리퍼와 비슷하게 생겼다.

넣은 맑은국, 도미회와 참치회가 나왔고 새우튀김과 고추튀김도 나왔다. 이때까지 나온 요리 중에서는 회가 가장 맛있었다. 그리고는 메인 요리인 도미구이가 나왔다. 스테이크처럼 두툼하고 먹음직스러운 모습에 구미가 당겼고, 살은 촉촉하고도 기름지면서도 깊었다. 마지막으로는 흰밥과 국, 절임 반찬이 나왔는데 국은 된장국처럼 생겼지만 이름 모를 채소의 알싸한 향 때문에 먹기 힘들었고 절임 반찬의 재료도 무와 멸치여서 조금 허전하고 부족한 느낌이 들었다. 일본에 와서 한 식사 중 아마 가장 비싼 식사였을 텐데 여러모로 아쉬운 점이 많았다. 요리의 양이 너무 적은 것도 하나의 아쉬움이지만 그건 코스 요리 자체의 특징이기도 하니 감안한다고 해도, 요리 하나하나가 그렇게까지 고급스러운 느낌은 아니었던 데다 맛도 내 입에는 맞지 않았다. 우선 채소 절임이나 멸치조림은 한국에서도 쉽게 먹을 수 있는 반찬이라 특별하게 느껴지지 않았고 연어알과 완두콩, 튀김도 고급 음식이라고는 하기 어려웠다. 흔하지만 밥과 먹으면 맛있을 수밖에 없는 맑은국과 된장국 역시도 독특한 맛이 너무 강해 제대로 먹을 수 없었다. 마음에 드는 맛있는 요리는 회와 도미구이 정도였다.

식당에서는 나는 어째선지 내가 일본 사람으로 보일 거라는 생각이 있었다. 기모노를 입고 말차를 내렸던 조금 전 경험의 영향도 있었을 것이고 차분히 혼자 식사하는 모습이 외국인답지 않은 느낌을 줄 거라고 생각했다. 식사가 시작되고 꽤나 지났을 때, 아마도 세 번째 요리가 나왔을 때쯤 내가 젓가락을 오른쪽에 세로로 놓고 있었다는 것을 깨달았다. 가장 처음 마주한 식탁 차림에는 분명 젓가락 받침이 왼쪽 아래에 있었는데, 그게 왜 거기 놓여 있는지 의아해하면서 반쯤 무의식적으로 오른쪽 위로 옮긴 것이 기억났다. '저는 이곳 문화에 익숙한 사람입니다'라는, 누구에게 보여줄 일 없는 잠깐의 허영의 실체가 이렇게 적나라하게 드러날 줄이야. 어쩐지 부끄러운 마음이 들었다.

식사를 마치고 료칸으로 돌아갈 시간이 되었다. 료칸까지 교통도 애매하고 시간도 꽤 있어서, 걸어서 20분 넘게 걸리는 거리이지만 걸어가기로 했다. 식당이 있던 곳은 큰 사거리와 가까웠는데, 사거리에 다가가니 바이올린 소리가 들려왔다. 가 보니 사거리의 한 모퉁이에서 바이올린 공연을 하는 사람이 있었다. 붉게 염색한 머리에 빨간 셔츠를 입은, 아무리 봐도 일렉 기타가 어울릴 것 같은 남성 연주자였다. 앰프를 연결한 소리였기 때문에 전자 바이올린이라고 생각했는데 가서 보니 일반적인 나무 바이올린을 연주하고 있었다. 연주하고 있는 곡은 클래식은 아니고 지브리 등 대중적인 일본 음악이었다. 전자 패널에는 자신의 인스타그램 링크를 띄워 두었는데 몇몇 관람객이 링크를 찍어 가기도 했다. 바이올린 주자인데 SNS 홍보를 한다는 것은 자신만의 독자적인 연주를 해 나가고 싶다는 의미일 것이다. 뜻밖에 음악을 만난다는 건 항상 좋은 일이지만 이번에는 그런 개성적인 의지와도 만날 수 있어서 좋았다.

사거리로부터 료칸까지는 꽤 걸어야 했다. 가는 길은 어둡고 사람이 많지도 않아서 특별한 볼거리가 없었다. 그 좋지도 싫지도, 일상적이지도 비일상적이지도 않은 길을 그저 걸었다. 무언가를 발견하려고도 렌즈에 담으려고도 하지 않고 그냥 걸었다. 도중에는 편의점에 들렀다. 생각해 보니 일본에 와서 아직 컵누들을 안 먹었다. 컵누들은 일본 컵라면의 대표라고도 할 수 있는 브랜드인데, 예전에 한창 빠졌던 적이 있다. 오리지널 맛, 해물 맛, 카레 맛을 각각 하나씩 구매해 가방에 넣었다. 일본에서 한국으로 돌아가기 전날 마지막으로 맛볼 간식으로 아주 좋은 선택이라고 생각했다.

편의점에서 나와서 육교가 있는 넓은 길을 건너니 아침에 지하철을 타러 왔던 역과 가까워졌다. 역 근처라 그런지 사람과 불빛이 보여서 꽤 밝은 분위기였지만 지하철역에서 골목으로 들어가니 다시 어두컴컴하고 좁은 길이 펼쳐졌다. 서둘러 걸어서 료칸까지 갔다. 골목 양옆을 차지하는 자판기들의 불빛이 시야 양쪽에서 아른거렸다. 마침내 숙소에 도착했고 방에 들어가서는 느긋하게 휴식을 취했다. 오늘 하루의 여정을 되돌아보고 찍은 사진도 확인해 보다가 1시가 넘는 늦은 시간에 오리지널 컵누들과 카레 컵누들을 먹기 시작했다. 다다미에 앉아 오리지널 맛을 먼저 먹고 그다음 카레 맛을 먹었는데, 두 개를 먹기에는 역시 양이 많아서 카레 맛은 반 정도만 먹을 수 있었다.

여름 5: 교토, 다시 오사카

2023. 7.31. (월)

전날 컵누들을 먹으면서 늦게까지 깨어 있었던 바람에 이날은 일어나기가 조금 힘들었다. 일본에 온 지도 5일 차, 길지는 않은 시간이지만 5일이라는 시간이 내가 일본에 있다는 사실에 일상감을 안겨 주었다. 간단히 씻고 아침 식사를 하러 식당으로 향했다. 전날과 같은 식당에 익숙한 기분으로 들어가 앉았다. 이날도 전날과 같은 소스 그릇과 나무 찜기에 요리가 나와서 매일 같은 메뉴인가 싶었는데 찜기의 뚜껑을 열어 보니 어제와는 다른 고기 요리가 있었다. 얇게 저민 삼겹살이 둥글게 말려 있었고 그 속에는 먹기 좋은 크기의 가지, 양파, 팽이버섯, 단호박, 무가 하나씩 들어 있었다. 대여섯 개의 삼겹살 롤 아래에는 먹음직스러운 찐 양배추가 깔려 있었고 위에는 꽃 모양의 당근이 하나 올려져 있었다. 어제처럼 건강한 느낌의 찐 요리라서 마음에 들었고 고기 요리가 주는 기분 좋은 포만감이 기대됐다. 요리는 충분히 상상할 수 있는 맛이었지만 무척 맛있었고, 따끈따끈한 신선한 채소와 기분 좋은 고기의 맛이 어우러진 훌륭한 한끼 식사였다. 요리법도 어렵지 않을 것 같아서 집에 돌아가면 직접 만들어보자는 생각이 들었다.

식사를 마치고 료칸으로 돌아와 나갈 채비를 했다. 모든 짐을 다 챙겼는지 확인하고 일본 숙소에서의 마지막 순간을 다소 서둘러 마무리하고 역을 향해 나섰다.

료칸에서 역까지는 걸어서 갔다. 교토역에 도착은 했는데, 간사이 공항으로 가는 티켓을 어디에서 발급받아야 할지 몰라서 갈팡질팡했다. 미리 구입해 둔 이티켓(e-ticket)을 일본 철도(JR)의 승차권 발매소인 녹색 창구(みどりの窓口)에서 교환해야 한다는 건 알고 있었다. 그런데 교토역에는 내가 타려는 열차 말고도 아주 많은 종류의 열차가 드나드는 데다 창구도 한두 개가 아니라서 어떤 창구에 가야 할지 몰랐다. 도중에 안내 데스크가 보여서, 내가 가진 QR코드로 티켓을 받으려면 어디로 가야 하는지 물어보았다. 위층으로 올라가야 한다고 듣고 설명대로 가 보니 과연 티켓 창구가 있었다. 줄을 서서 조금 기다리는데, 줄 서는 곳에 있는 안내판을 보니 이티켓은 이곳에서 교환할 수 없다고 적혀 있었다. 긴가민가하며 가까이 있던 역무원에게 물어보니 아무래도 이곳에서는 발급이 안 되는 것 같았다. 일본어를 읽을 수 없었다면 끝까지 줄을 서서 기다렸을 거라고 생각하니 안도감보

다도 끔찍한 기분이 들었다. 아무튼 다시 창구를 찾아 이리저리 돌아다니다가 드디어 녹색 창구를 찾았다. 창구에는 한국 사람도 몇 있었다. 아마 나처럼 인터넷에서 티켓을 구입하고 교환하러 온 사람들일 거다. 그 사람들은 여기에 한 번에 찾아온 건지, 만약 그렇다면 도대체 어떻게 찾아온 건지 궁금해졌다. 중국계로 보이는 두 사람이 한 기계 앞에서 계속 뭔가를 헤매고 있었다. 평소 같으면 오래 걸리는 사람들을 보고 성가시다는 생각이 들었을 텐데 이때는 그 사람들을 탓하고 싶지가 않았고 왠지 그들의 심정이 이해되었다. 아무튼 내 차례가 오고 우여곡절 끝에 티켓을 발급받았다. 한시름 놓았다.

간사이 공항까지 가는 신칸센[1] 하루카는 10시 30분경에 플랫폼에 들어왔다. 열차가 들어오고는 좌석들이 회전하면서 청소하기 쉽도록 공간이 만들어졌다. 열차나 비행기의 좌석 사이사이를 청소하는 건 꽤 힘든 일일 거라고 생각했는데 나름의 장치가 있었다는 걸 알게 되었다. 얼마 후 열차 내부를 청소하던 직원들이 승객들이 들어올 수 있도록 열차 문에 걸린 끈을 풀었다. 내 티켓은 자유석 전용이었지만 사람이 많이 없어서 자리에 앉을 수 있었다. 좌석에 앉았을 때의 시간이 10시 40분쯤이었으니 1시 비행기에 늦을 수도 있겠다고 생각했다. 하지만 늦었다고 한들

1 新幹線 - 일본의 주요 도시를 연결하는 고속 철도 체계이자 세계 최초의 고속 철도 체계

지금 내가 할 수 있는 일은 이 하루카에 몸을 맡기고 공항까지 가는 일밖에 없다. 마음 편하게 먹고 공항까지 간 뒤, 만약 늦었다면 다른 비행기 티켓을 사자고 생각했다. 열차는 출발했고 나는 노래를 듣기 시작했다. 일본에 오고서는 평소보다도 노래를 듣지 않았다. 비행기에서는 인터넷을 이용할 수 없고, 길거리나 대중교통에서는 항상 외부로부터의 정보에 민감해야 하니 이어폰을 사용하지 않았다. 이번 하루카에서는 인터넷도 쓸 수 있고 내릴 역에 대해서도 신경 쓰지 않아도 되니 느긋하게 음악을 즐겼다. 오랜만에 이렇게 노래에 집중하니 참 좋았고 평소에 좋아하던 노래도 원래 느꼈던 것보다 더욱 신선하고 신나게 느껴졌다. 그리고 오오이시 마사요시(大石昌良)의 친구 필름(オトモダチフィルム)이라는 좋은 노래를 새롭게 발견했다.

열차는 1시간 20분쯤 달려 간사이 공항에 도착했다. 체크인하러 티웨이항공의 셀프 체크인 기계로 향해 예약 정보를 확인했는데, 수속이 이미 끝난 예약이라고 나왔다. 이때가 12시가 되기 조금 전이었는데, 시간이 늦어 수속이 안 될 수도 있다는 걸 예상은 했지만 막상 수속 불가 화면을 보니 눈앞이 조금 캄캄해졌다. 티웨이항공 앞의 전광판을 보니 4시경에 서울로 가는 비행기가 있는 것 같아서 창구로 향해 그 비행기의 티켓을 구입할 수 있는지 물어보았다. 직원은 이미 4시의 비행기도 예약이 다 되어 있다고 답했다. 이 상황을 어떻게 타개할 것인가, 일단은 층의 중앙에 있는 인포메이션 창구로 가서 상황을 이야기했다. 그랬더니 남아 있는 티켓에 대해서는 각 항공사의 창구에서 직접 확인해야 한다고 했다. 인포메이션 창구 옆 커다란 전광판으로 보았을 때 에어부산에 오늘 서울과 부산으로 가는 비행기가 한 대씩 있어서 창구에 가서 티켓이 남았는지 물어보기로 했다. 일본어로 물어보려다 창구 직원이 한국어로 인사를 하기에 나도 한국어로 물어보았다. 처음에는 한국 사람인 줄 알았는데 들어 보니 한국어를 배운 일본 사람 같았다. 아무튼 두 비행기 모두 만석이라고 해서 감사하다고 짧게 인사하고 근처의 빈자리에 가서 일단 아무렇게나 앉았다. 스카이스캐너에 접속해서 지금부터 한국으로 갈 수 있는 비행기를 검색했다. 내일 학원에서 여름방학 특강이 시작되니 늦게 도착해서는 안 될 일이었다. 검색 결과를 맹렬히 살펴보다가 선택 가능한 항공편을 하나 발견했다. 19시 55분에 간사이 공항에서 출발해서 21시 50분에 인천에 도착하는 항공편이었는데 이걸 탈 수만 있으면 내일 특강 시간에 맞출 수 있을 것 같았다. 다만 피치(Peach)라는 처음 보는 항공사의 비행기라 조금 망설여졌다. 검색해 보니 일본의 항공사였고 비행기가 분홍색인 점이 파격적이면서도 불안을 자아냈다. 그래도 일본 항공사라는 걸 확인했으니 더는 망설이지 말고 어서 티켓을 구입하자고 생각했다. 이때는 1분 1초라도 빨리 티켓을 구입해야 했다. 꾸물대는 사이에 티켓이 팔려버리기라도 하면 정말 한국으로 돌아가기가 어려워진다. 결제를 시도해 보았는데 첫 번째로 접속한 사이트는 너무 느리고 결제가 되지 않았다. 인포메이션 옆의 큰 전광판 쪽으로 자리를 옮겨 바닥에 앉아 다른 사이트에서 결제를 시도해 봤다. 이 사이트에서도 결제가 되지 않았다. 무조건 빨리 결제해야 한다는 생각으로 다른 사이트인 마이트립(Mytrip)에 접속해서 여권과 카드 정보를 입력하고 결제 버튼을 눌렀다. 드디어 결제에 성공했다. 결제 완료되었다는 알림이 이렇게나 안심되다니. 인생에서 손꼽힐 만한 치열하고 절박한 순간이었다. 티켓 구입에 성공하자 엄청난 안도감이 밀려옴과 동시에 감사한 마음이 들었다. 일차적으로는 티켓값을 지불할 수 있는 돈이 통장에 있었음이 다행이었고 이차적으로는 적절한 시간에 비행기 티켓이 존재했다는 것과 구매에 성공했다는 사실에 감사했다.

구입에 성공하니 긴장이 완전히 풀렸다. 이제는 바닥에서 일어나 제대로 된 자리에 앉고 남은 문제들을 천천히 생각하기로 했다. 2층으로 이동해 의자에 앉은 뒤, 서울에서 제주로 가는 항공편을 찾아보았다. 국내 항공편은 아까의 분투와 비교하면 많고도 남는 수준이었다. 다만 인터넷이 느린지 국내 항공도 결제가 잘 안 돼서, 인천에 사는 언니에게 도움을 청해 내일 아침 김포에서 제주로 가는 비행기 티켓을 예약해 달라고 부탁했다. 그리고 오늘 밤 인천에 도착하면 하룻밤 신세를 질 수 있도록 배려

받았다. 이제 중요한 문제는 다 해결되었다. 처음에 비행기를 놓쳤단 걸 알고 돌아갈 비행기를 탈 수 있을지 불투명했을 때는 당혹과 불안에 사로잡혔는데 문제를 해결하니 기뻤고 재미있기까지 했다. 우선 지금부터 저녁 7시 55분까지 여기서 더 시간을 보낼 수 있으니 이제는 서두를 것도 없고 장소가 공항이기는 해도 일본을 더 즐기고 돌아갈 수 있게 되었다.

티켓도 모두 예약하고 필요한 연락도 모두 취했다. 문제를 완전히 해결하고 가장 먼저 향한 곳은 푸드 코트였다. 공항 내 푸드 코트를 이용하는 것도 설레는 일이었다. 들어가서 어떤 식당들이 있는지 확인하고는 카마쿠라(KAMUKURA)라는 식당의 라멘을 먹기로 했다. 일본 음식 중에서도 라멘은 잘 안 먹는 편이고 이번 여행에서도 라멘을 먹은 적은 없었는데 따뜻한 국물이 있는 요리 한 그릇을 먹는 것도 좋을 것 같았다. 기본 메뉴 이름은 '맛있는 라멘'이었고 배추와 함께 우려낸 육수와 파 고명, 커다랗고 얇은 차슈가 먹음직스럽고 담백해 보였다. 사람이 많아 테이블이 거의 없었는데 운 좋게 빈자리를 하나 잡아 맛있게 먹었다. 모든 불안 요소를 해결하고 먹는 한 그릇이라 상쾌한 기분으로 먹을 수 있었다. 내가 앉은 테이블 가까이에 맛있어 보이는 오므라이스 가게가 있어서 라멘을 다 먹고 한 그릇 먹을까 했는데 라멘을 다 먹어갈 때가 되니 배가 불러서 아무래도 한 그릇 더 먹지는 못할 것 같았다. 조금은 아쉬웠지만 과식하지 않는 것이 좋으니 산뜻한 마음으로 푸드 코트를 나왔다.

푸드 코트에서 나오니 정면에 1층으로 내려가는 에스컬레이터가 있었다. 1층으로 내려가니 스타벅스가 있어 그곳에서 시간을 보내기로 했다. 테이블이 많지 않아 앉을 수 있을지는 불확실했지만 아이스 카페라테를 주문하고 테이블 쪽으로 향하자 운 좋게도 바 테이블에 앉아 있던 사람이 자리를 떴다. 콘센트도 있어서 글을 쓰기에 아주 편리한 자리였다. 그곳에 앉아 캐리어에서 노트북을 꺼내 책상 위에 올려놓고는 오사카 2일 차의 여정을 글로 남기기 시작했다. 글을 쓰기 시작하니 시간은 정말 금방 흘렀다. 두세 시간 동안 글을 썼는데, 쓰는 내내 마음에 여유가 있었고 기분이 좋았다. 비행기를 놓친 덕에 이런 시간을 보내고 있다고 생각하니, 놓쳐서 오히려 더 좋았다는 생각이 들었다.

시간은 어느덧 저녁때가 되어 글쓰기를 마무리하고 탑승 준비를 하러 에스컬레이터로 올라갔다. 내가 탈 피치항공은 제2 터미널에서 타야 했는데, 제1 터미널에서 길을 헤매다가 겨우 찾았다. 제2 터미널까지는 공항 순환버스를 타야 했다. 도착한 터미널은 제1 터미널과는 사뭇 달라 훨씬 작고 간소한 모습이었다. 터미널 내부에 들어서니 피치항공의 자동 발권기가 있어서 그곳에서 티켓을 출력했다. 티켓에 사용된 종이가 너무하리만치 얇아서 저가 항공사의 저력이라고 할까 비용 절감을 위한 분투를 느낄 수 있었다.

수하물 위탁 줄에는 한국인 가족들도 많이 있었다. 처음 보는 항공사의 비행기를 타고 돌아가야 하는 상황이었던 만큼 그들의 존재에 안심이 되었다. 수하물을 맡기고 탑승구로 향했다. 공항에서 비행기까지 가는 통로는 지하 통로처럼 회색 벽으로 되어 있고 냉방도 없었다. 공항이란 게 어디나 쾌적할 수만은 없겠지만 여기서 상주하며 일하는 직원들이 꽤 힘들 것 같았다. 통로를 지나 밖으로 나가니 어두컴컴한 바깥 풍경 속 분홍색 비행기가 서 있었다. 어둠 때문인지 분홍색이라기보다는 차분한 느낌의 보라색 같아 보이기도 했다. 비행기에 올랐다. 좌석은 좁았고 내부의 만듦새도 저가 느낌이 들었지만 불편할 정도는 아니었다. 음료 등의 서비스가 없는 것도 오히려 편했다.

인천공항으로 무사히 귀국했다. 여차저차 우여곡절이 있었지만 오늘 내에 한국에 돌아왔다는 안심감에 기분이 좋았다. 다음날 오전에 제주에 가고 바로 출근해 학원 특강을 시작해야 했지만 심리적 압박은 없었다. 모든 게 잘 해결되도록 상황이 따라준 것에 감사했다.

겨울, 나가노

겨울 1: 제주, 인천

2024. 2. 8. (목)

6시에 학원에서 퇴근했다. 겨울 방학 특강으로 영어책 만들기를 지도하고 있는데, 오늘은 학부모에게 대본 녹음 파일을 보냈어야 했다. 아이들이 자신들이 만든 책 내용을 소리 내어 읽을 수 있어야 하는데, 발음이 어려운 단어들이 있으니 선생님인 내가 아이들의 이야기를 읽고 녹음하여 참고용으로 보내는 것이다. 그런데 근무 중 도저히 녹음해서 보낼 시간이 안 나서 결국 녹음을 못 하고 학원에서 나왔다. 교실을 정리하거나 해야 할 업무를 검토하지도 못하고 뛰쳐나오듯 학원 밖으로 나갔다.

특강도 있는 데다 새로운 온라인 과제 관리 시스템도 익혀야 하고 주 1회 동화책 읽기 지도 계획도 세워야 하고 신규 학생 교재도 준비해야 해서 요즘은 할 일이 유독 많다. 출근해서 퇴근할 때까지 수업을 하고 온라인 알림장을 올리는 것만으로도 시간이 다 가는데 이 일들은 다 언제 해야 할지 모르겠다. 덜 긴급한 업무들은 미루고 당장 해야 하는 업무들만 겨우 해내고 있다. 설 연휴 전날까지도 해결하지 못한 일들이 많아 마음은 불편할지언정 이날은 어서 나가야 했다. 공항도 공항이지만 그 전에 편의점에 들러 케로로 키링캔디를 살 계획이었기 때문이다. 최근에 친구의 추천으로 케로로 애니메이션을 보기 시작했는데 재미있어서 푹 빠졌다. 키링캔디는 가방에 달 수 있는 캐릭터 액세서리가 무작위로 들어 있는 상품인데, 전날 밤 편의점 앱으로 학원 근처 매장에 재고가 18개 있는 걸 확인하고 사러 가기로 마음먹었다. 퇴근하고 서둘러 CU로 향한 뒤 계산대 쪽의 캐릭터 뽑기 상품들을 살펴봤지만 케로로는 보이지 않아서 계산대 직원에게 물어보았다. 점원은 계산대 앞에 있는 게 전부라고 했지만, 재고 조회 결과와 달리 상품이 없는 게 이상해서 나갈 때까지도 유심히 살펴보았다. 잘 살펴보니 나가는 문 왼쪽에 케로로 키링캔디가 있었다. 역시 주의 깊게 둘러보길 잘했다. 인터넷에서는 봉투 겉면을 만져 보면 액세서리의 형태로 캐릭터를 짐작할 수 있다고 했는데, 실제로 해 보니 만져서 추측하는 건 별로 의미가 없는 것 같았다. 진열대 앞쪽의 5개를 골라 계산한 뒤 바로 공항으로 향했다. 가능하면 빨리 열어보고 싶었지만 공항에 도착해서 여유가 생기면 열어보기로 했다.

공항에 도착해서 국내선 탑승구로 향한 뒤 수속을 밟았다. 작년 9월과 올해 1월에 서울로 여행을 간 적이 있어서 이제 제주공항 국내선 탑승은 꽤 익숙해졌다. 수속을 밟고 들어가 편의점에서 슬라이스 햄과 달걀 샐러드가 들어간 샌드위치를 구입해 먹으면서 비행기 시간을 기다렸다. 저녁을 제대로 챙겨 먹지 못했으니 김포공항에 도착하면 우선 푸드 코트에서 식사부터 하기로 마음을 정했다.

이번 일본 여행의 목적지는 나가노다. 나가노는 일본 중앙부에 있는 내륙 지방이자 산악 지대이다. 나가노를 이번 여행의 목적지로 고른 이유는 마아야 키호 씨의 무대를 보기 위해서이다. 지난여름 오사카에서 그녀의 노래를 듣고 나서 다음 공연 정보가 발표되기를 주시하고 있었다. 그러다 다음 작품인 「루팡 ~칼리오스트로 백작부인의 비밀~」의 무대 정보가 공개되었고 11월 도쿄를 시작으로 12월에 나고야, 1월에 오사카와 후쿠오카, 2월에 나가노에서 공연한다는 것을 확인했다. 이 스케줄 중 내가 갈 수 있는 날짜인 2월 설 연휴를 선택하다 보니 나가노라는 새로운 장소에 가게 된 것이다. 그렇지만 아무 고민 없이 내린 결정은 아니었다. 7월에 이미 한 번 일본에 갔는데 다음 해 2월에 또 가는 것은 조금 과분한 일정이 아닐까 생각했다. 실제로 나가노에 가는 것은 오사카에 가는 것보다 비용도 많이 들고 이동 시간도 만만치 않으니까, 뮤지컬을 보겠다는 일념으로 여행을 떠나는 건 사치일지도 모르겠다고 생각했다. 하지만 결국 가기로 결정했다. 그녀의 노래를 들을 수 있는 시간이 무한하지 않은 이상, 지금 보러 가야 한다고 생각했기 때문이다.

나가노에 대해 조사해 보니 가 보고 싶은 곳이 상당히 많았다. 자연의 아름다움이 가득한 멋진 장소가 많아서 뮤지컬 외에도 근사한 경험을 많이 할 수 있을 것 같았다.

잠시 뒤 김포공항에 도착하면 공항철도를 타고 인천으로 이동한 뒤 인천국제공항 근처에서 하루 숙박할 예정이었다. 그리고 내일은 도쿄행 국제선을 타고 도쿄에 내리고서는 열차를 타고 나가노까지 들어가야 한다. 제주에서 김포, 김포에서 인천, 인천에서 도쿄, 도쿄에서 나가노의 과정을 거쳐 가야 해서 이동 시간이 꽤나 많이 드는 여정이다. 예정에 따르면 나가노에 도착하는 것은 내일 저녁이 될 것이다. 이동 시간이 이렇게 긴 여행은 처음이지만, 그만큼 새로운 경험들이 기다리고 있을 거라 생각하고 떠나기로 했다. 이번 여행에서는 가방도 캐리어가 아닌 배낭을 사용한다. 오사카와 교토에는 캐리어를 가져갔는데, 필요 이상으로 큰 가방을 끌고 다니는 느낌이 들었고 계단을 오르내릴 때도 불편했다. 그래서 이번에는 짐을 간소화해서 배낭에 담았다. 겨울 여행이라 자칫하면 옷 무게 때문에 가방이 무거워지니 외투는 5일 내내 같은 것으로 통일하기로 하고, 안에 입을 가벼운 옷만 몇 벌 챙겼다.

비행기에 올라 김포공항에 착륙했다. 착륙 후 내릴 때까지의 대기 시간 동안 김포공항 푸드 코트의 영업시간을 확인하니 9시

30분까지라는 것을 알았다. 그때의 시간이 9시였으므로 아쉽지 만 식사는 인천에 넘어가서 하기로 했다. 비행기에서 내려 도착 라인을 따라 걸었다. 밖은 이미 캄캄했지만 스피커에서 흘러나오는 경쾌한 음악을 들으며 걸으니 기분은 무척 산뜻했다. 김포 공항에서는 항상 기분 좋은 재즈가 흘러나와서 좋다. 대중적인 재즈 피아노뿐만 아니라 색소폰 연주도 자주 나온다는 점이 특히 마음에 든다. 수하물 찾는 곳을 지나 재진입 금지 표시가 있는 문을 나서고 오른쪽의 푸드 코트 쪽으로 발걸음을 옮겨 보았는데 역시나 마감이 코앞이라 못 들어갈 것 같은 낌새였다. 발길을 돌려 공항철도 타는 곳으로 향했다. 도중에 카페를 발견하고 영업시간을 확인해 보니 10시까지 영업한다고 되어 있었다. 여기서 인천까지 가려면 1시간 이상 걸리니 뭐라도 먹고 가야 좋을 듯해 다소 늦은 입장이 되겠지만 들어가기로 했다.

쉬림프 바질 샌드위치를 주문하고 자리를 잡았다. 폐점 30분 전인 늦은 시각이었지만 가게 안에는 혼자 온 손님이 몇 명 있었다. 밤 9시 30분에 공항 카페에서 커피를 마시며 노트북 작업을 하는 1인 손님이라니 꽤 특이하다고 생각했지만 공항이라는 공간의 특수성이 있으니 얼마든지 그런 사람도 있을 수 있겠다 싶었다. 주문한 샌드위치가 나왔는데 새우가 5마리밖에 없는 데다 새우 크기도 작아서 그렇게 만족스럽지는 않았다. 최근에 요리를 시작하면서 집에서 양껏 새우 반찬을 해 먹다 보니 샌드위치속 작은 새우 5마리는 비교적 부족하게 느껴졌다. 새우를 집에서 요리해 먹는다는 선택지가 없었을 때는 밖에서 사 먹는 새우가 아주 귀하게 느껴졌는데, 스스로 할 수 있는 일이 늘면서 이렇게 생각도 변하는 것 같다.

샌드위치를 다 먹고 자리에서 일어났다. 에스컬레이터를 타고 내려가 인천 운서역으로 향하는 공항철도를 탔다. 작년 7월 일본에서 인천으로 귀국했을 때는 공항철도를 타려면 몇 층으로 내려가서 어느 방향에서 타야 할지 모든 것이 낯설었는데, 이번에는 그 경험이 기억에 남아 있어서 비교적 수월하게 탈 수 있었다. 10시 5분에 열차를 타서 운서역에 내렸다. 역에서 숙소까지 가는 길에는 생수와 매운 컵라면을 샀다. 숙소에 도착하니 내부가 깔끔했고 인테리어도 괜찮았으며 혼자서 쉬어 가기에 부족함이 없었다. 이 숙소를 예약할 때 호스트로부터 시설이 오래되었으니 청결을 중시하는 분이라면 추천하지 않는다는 메시지를 받았던 만큼 긴장했는데 전혀 지저분하지 않았다. 방 넓이도 괜찮았고 화장실도 넓은 데다 전체적으로 청결감이 있었다. 오사카에 갔을 때 묵었던 호텔을 생각하면 이 정도는 아주 괜찮은 숙소다. 그때는 숙박비가 1박에 7만 원이 넘었던 것 같은데 이번에는 1박에 5만 7천 원이다. 입지 조건이 다르니 가격을 단순 비교할 수는 없겠지만 아무튼 숙소 상태에는 만족했다. 간단히 짐을 풀고 손을 씻고서는 퇴근 후에 샀던 케로로 키링캔디를 하나씩 열어 보았다. 가장 먼저 나온 것은 레이싱복을 입은 기로로였다. 다음은 뭐가 나올까 두근두근한 마음으로 열어 보았더니 레이싱 나츠미, 레이싱 모아가 순서대로 나왔다. 이어 가장 갖고 싶었던 울보 도로로가 나왔다! 아주 기뻤다. 아까 키링 봉지들을 만지작거리며 몇 개를 살지 고민했는데 그중 어떤 것이 울보 도로로였는지는 몰라도 5개를 다 산 것이 천만다행이라고 생각했다. 케로로나 도로로가 나오기를 가장 기대했는데 그중 제일 원했던 울보 도로로가 나와서 정말 좋았다. 내일부터 여행 내내 이 키링을 달 생각에 행복했다.

키링을 확인한 후에는 냄비에 물을 끓여 매운 컵라면을 먹었다. 평소보다도 맛있게 느껴졌다. 컵라면을 다 먹고도 좀 부족한 감이 있어서 편의점에서 하나 더 사 올까 했는데 이왕 사러 갈 거면 키링도 몇 개 더 사기로 했다. 편의점 앱으로 숙소 바로 앞 CU에 케로로 키링캔디 재고가 있는 걸 확인하고 나가서 키링 두 개와 컵라면 하나를 사 왔다. 레이싱이 아닌 기본 디자인이 나오지 않아 조금 아쉬웠지만 울보 도로로만으로 충분히 만족스러우니 오늘은 더 이상 사지 않기로 했다. 컵라면을 하나 더 먹고 영어 작가 특강의 스크립트를 녹음했다. 밤 12시 가까운 시간이라 보내는 건 내일 아침에 하기로 했다. 양치를 하고 다음 날 인천공항까지 가는 경로를 확인한 뒤 잠에 들었다.

겨울 2: 도쿄를 거쳐 나가노

2024. 2. 9. (금)

8시 30분에 기상했다. 일어나자마자 어제 녹음한 파일을 학부모에게 송신했다. 보내고 나니 8시 45분이 되어, 곧바로 샤워를 하고 나갈 채비를 했다. 9시 30분에 숙소에서 나섰다.

전날 역에서 숙소까지 걸어왔던 길을 되돌아가 운서역에 도착했다. 거리나 역에 사람이 별로 없고 한산했다. 내가 도착했을 때로부터 12분 정도 뒤에 열차가 있어서 벤치에 앉아 잠시 기다렸다. 플랫폼이 바깥을 볼 수 있도록 탁 트여 있는 데다 안내판이 모두 파란색으로 되어 있어서 시원한 느낌이 들었다. 열차에 오르고 역 두 개를 지나니 바로 인천공항에 도착했다. 수속을 밟고 들어가니 비행기를 기다리며 이용할 수 있는 시설이 넓게 펼쳐져 있었다. 수속 이후의 시설이 잘 되어 있는 것이 좋았다.

푸드 코트는 금방 찾을 수 있었다. 식당의 종류는 김포공항보다 적었다. 한식, 쌀국수, 타코, 에그드랍이 있는 푸드 코트에서 한식인 흑돼지 두부 김치찌개를 주문했다. 전날 저녁부터 먹고 싶었던 따뜻한 밥을 먹으니 무척 만족스러웠다. 찌개가 맵고 짠 맛이 다소 강했는데 그래서 더 좋을 정도로 맛있게 먹었다. 식사를 마치니 시간은 11시였고 탑승 시간인 11시 40분까지는 여유가 있었다. 탑승구 근처로 가서 커피를 마실 생각으로 걷기 시작한 참에 국악 연주가 들려왔다. 처음에는 스피커에서 나오는 음악인 줄 알았는데 가까이 가 보니 푸드 코트 앞에서 국악 연주자들이 4중주 공연을 하고 있었다. 무대 옆에 공연 시각이 11시부터 11시 25분까지라고 적혀 있는 걸 보고 방금 시작했다는 걸 알 수 있었다. 곡은 아리랑과 같은 전통 음악뿐만 아니라 지브리 영화 음악과 가요 등도 있었는데, 어느 곡이든 국악의 매력이 듬뿍 담겨 독특하고 듣기 좋았다. 처음에는 구경하는 사람이 그리 많지 않았지만 연주를 감상하다 뒤를 돌아보니 그새 꽤 많은 사람이 모여들어 있었다. 국제공항에서 이런 상설 연주를 마련하는 것은 좋은 기획이라고 생각했다.

탑승구 근처의 던킨도너츠 매장에서 아이스 커피를 한 잔 주문했다. 시원한 커피를 기대했는데 얼음이 적어서 조금 덜 차가웠다. 11시 40분이 조금 넘은 시각에 나리타행 비행기에 탑승했다. 아시아나 항공이니 탑승구에서 비행기까지 바로 이어질 거라고 생각했는데 버스를 타야 했다.

비행은 12시 10분부터 2시 30분까지였다. 오프라인으로 저장

되어 있는 음악이 많아서 이번 비행은 음악을 마음껏 들으며 즐겁게 할 수 있었다. 또 피아노 앱도 인터넷 없이 사용 가능하니 작은 화면 위를 마음껏 연주하면서 도쿄로 향했다. 안 나올 거라고 생각했던 기내식도 나왔다. 2시간 정도의 비행에서는 제공되지 않을 줄 알았는데, 비행이 식사 시간대에 이뤄지는 경우 제공되는 것일 수도 있겠다고 생각했다. 메뉴는 미소 크림 닭고기와 단호박 무스 샐러드였다. 단호박 무스는 말할 것 없이 맛있었고 미소 크림이란 게 독특해서 어떤 맛일지 궁금했는데 조금 느끼해서 많이 먹기는 어려웠다. 원래는 비행기에서 내리면 나리타 공항에서 점심을 해결하고 출발하려고 했는데 기내식 덕분에 시간을 절약할 수 있어서 좋았다. 비행기 타는 것은 전에 비해 무섭지 않아졌다. 난기류로 인해 추락 사고가 일어난 경우는 없다고 어디선가 들었는데, 그 덕에 비행기가 흔들려도 다소 안심할 수 있었다. 그래도 착륙하기 20분에서 30분 전부터는 꽤나 많이 흔들려서 안전하다는 걸 알고 있어도 불안한 기분은 들었다.

비행기가 무사히 착륙하니 안심이 됐다. 비행기에서 내려 긴 통로를 따라 걸어가니 통로가 끝나는 곳에 입국 심사대가 있었다. 간사이 공항의 입국 심사대 모습은 머릿속에 생생하게 그려지지만 나리타 공항의 입국 심사대는 처음이었다. 입국 신고서를 작성하고 줄을 섰다. 입국 심사 질문을 받기 전 지문과 여권을 인증하도록 돕는 안내원들은 모두 할아버지였다. 일본이 한국보다도 더한 고령 사회라는 걸 알고는 있었지만 실제로 공항에서 할아버지들이 일하는 모습을 보니 신기하기도 했고 공항과 같은 주요 시설에서 고령자를 채용한다는 것이 좋게 느껴졌다. 실제로 그들 모두 친절하고 활기차게 일하고 있어서 더욱 기억에 남는다. 입국 심사를 마치기까지 꽤 시간이 걸려서 3시 30분에 심사장에서 나왔다. 출구로 나와 왼편에 보이는 방문객 서비스 센터로 향했다. 온라인으로 구매해 둔 철도 이용 패스를 교환해야 했기 때문이다. 창구 직원에게 패스 교환을 물어보았는데 여기서가 아니라 두 층 내려가서 다른 센터에서 교환해야 한다고 했다. 잘 모르겠지만 안내받은 대로 에스컬레이터를 타고 내려갔더니 교환 센터를 금방 찾을 수 있었다. 잠깐 기다리니 바로 차례가 되어 JR패스의 바우처를 제시했고 안내 직원이 열차표를 가져와 주었다. 5일간 사용할 수 있는 메인 패스, 지금부터 탈 나리타 익스프레스의 지정석을 안내하는 표, 그리고 기타 정보 안내표까지 총 3장을 받았고 각각의 용도를 확실히 설명받았다. 작년에 오사카에 갔을 때는 표에 대해 잘 몰라서 우왕좌왕했는데 이렇게 제대로 설명을 들으니 명쾌하고 안심이 됐다. 또 안내 직원이 흑인 여성이었는데 오사카에서도 느꼈지만 일본에서 외국인이 상당히 적극적으로 채용되고 있다는 게 실감이 났다.

이제는 나리타 익스프레스를 타러 가야 했다. 나리타 익스프레스는 나리타 공항에서 도쿄 시내로 가는 특급 열차이다. 열차 출발 시간까지는 여유가 있었지만 행여나 가는 길에 해멜 수도 있으니 곧장 플랫폼으로 향했다. 공항에 내린 뒤 나리타 익스프레스까지 잘 탈 수 있을지 우려했는데 스스로도 놀랄 정도로 문제없이 착착 일이 흘러갔다. 4시가 되기 조금 전 플랫폼에 도착했고 플랫폼 모습을 사진으로 남기며 열차를 기다렸다. 4시 20분이 되자 나리타 익스프레스 열차가 들어왔고 지정된 좌석에 앉아 5시 17분까지 도쿄역으로 이동했다. 무사히 좌석에 앉으니 안심은 됐지만, 전날 오후 6시부터 출발한 것치고 오늘 오후 5시가 넘어서야 겨우 나가노도 아닌 도쿄에 도착했다는 게 왠지 힘이 빠지기도 했다.

도쿄역에 내렸다. 내리기 전부터 도쿄역은 꽤 복잡할 거라고 예상했지만, 도쿄까지 무사히 와서 그런지 이미 약간 지쳐 있어서 그런지 불안한 마음은 별로 안 들었다. 역 내에서 '신칸센'이라는 글자에만 집중해서 따라간 결과 생각보다 빠르게 신칸센 탑승장을 찾을 수 있었다. 이때 시각이 5시 28분이었는데, 탑승장 앞 안내판을 보니 5시 32분에 나가노행 아사마가 출발한다고 나와 있었다. 주변에 지정석 발권기가 있는지 빠르게 살펴보았는데 보이지 않아서 그냥 표를 찔러 넣고 입구로 들어갔다. 계획에 따르면 내가 탈 열차는 호쿠리쿠 신칸센이고 아사마(あさま)라는 이름은 본 적 없지만 아무튼 나가노행이니 지금 타야겠다는 판단이 섰다. 지정석, 자유석 칸 확인도 하지 않고 열차에 뛰어들었다.

열차에 탄 뒤 자유석 칸을 찾아 이동했다. 이동하는 중 한 칸에서는 거의 모든 승객이 역에서 파는 도시락을 먹고 있었다. 자유석 칸에 가니 다행히 빈 자리가 있어서 착석했다. 좌석에 앉아 알아보니 지금 타고 있는 아사마라는 열차가 호쿠리쿠 신칸센의 일종이라 맞게 탔다는 걸 알았다. 잠시 한숨을 돌리고 다음 날 일정에 대해서 생각해 봤다. 다음 날의 원래 계획은 나라이주쿠(奈良井宿) - 마츠모토(松本) - 호쿠토 문화홀이었다. 나라이주쿠는 에도 시대[1]의 모습을 간직한 자그마한 역참 마을인데 옛 정취가 묻어 있는 거리가 아름다워서 계획에 넣었다. 마츠모토에는 국보 마츠모토성(松本城)이 있고 상점가도 있어서 둘러보기 좋을 거라고 생각했다. 다만 숙소가 있는 나가노시에서 나라이주쿠까지 가려면 열차로 2, 3시간은 걸리고 나라이주쿠에서 마츠모토까지도 1시간은 걸린다. 내일 오후 5시에 나가노시의 호쿠토 문화홀에서 뮤지컬 공연이 있으니까 예정대로 진행하려면 아침 일찍부터 부지런하게 움직여야 함은 물론 가용 시간 대비 이동 시간이 지나치게 많아진다. 어제부터 오늘까지를 이동에만 할애하고 있으니 이제 긴 시간 동안 열차를 타는 것은 피하고 싶었다. 그래서 생각을 바꾸어 나라이주쿠에 가지 말고 마츠모토에서 느긋하게 시간을 보내기로 했다. 열차 좌석에 있는 나가노 관광 안내서도

---

1 江戸時代 - 에도 막부가 일본을 통치한 1603년부터 1868년까지의 시기.

읽어 보았다. 읽어 보니 온천에 가는 것도 좋을 것 같아서 호쿠토 문화홀 근처의 당일치기 온천을 조사했다. 여행 안내서에 나왔던 온천 중 사진도 아름답고 호쿠토 문화홀에서 거리도 멀지 않은 곳이 있어서 다음 날 뮤지컬 전 또는 후에 온천에 가기로 했다.

나가노역에 도착한 시각은 오후 7시 17분이었다. 긴 비행, 긴 열차 이동 끝에 나가노역에 도착하니 마음이 후련했다. 조사해 둔 바에 따르면 나가노역에는 음식점과 가게들이 모여 있는 미도리(MIDORI)라는 종합 시설이 있다. 그곳을 잘 찾을 수 있을까 싶었는데, 걱정이 무색하게도 역의 출구로 향하는 길에 아주 크게 'MIDORI'라는 글자가 적혀 있었다. 개찰구에서 나와 출구까지 가는 길에는 'FEEL NAGANO, BE NATURAL. 이 거리에서 나답게 산다. 나가노시'라고 적힌 큰 알록달록한 현수막이 있었다. 화려한 색채가 기분 좋게 눈길을 사로잡았고 내용도 마음에 와 닿았다.

숙소에 가기 전에 미도리를 둘러볼까 해서 에스컬레이터를 타고 2층으로 올라갔다. 2층은 식당 전용층으로, 에스컬레이터에서 내리니 바로 식당 안내판이 있었다. 오므라이스, 파스타, 가정식 등 다양한 메뉴가 있었고 배도 좀 고팠으니 금세 구미가 당겼다. 안내판에서 왼쪽으로 향하니 한 식당의 디스플레이를 볼 수 있었다. 건강한 채소로 만든 요리를 내세우는 가게인 것 같았다. 버섯이나 가지를 이용한 요리, 다채로운 재료를 이용한 정식 등 영양가 있고 맛있는 요리가 많아 보여서 이곳에서 한 끼 해결하기로 했다. 간판을 보니 가게 이름은 장수(長寿)식당이었다.

작년 12월, 뜻밖에도 병원에서 혈당치가 높다는 판정을 받았다. 그 후로 혈당에 대해 여러모로 알아보기도 하고 식습관과 생활 습관을 바꾸는 등 변화를 시도했다. 원래는 요리도 전혀 할 줄 몰랐고 바쁘다는 이유로 바깥 음식으로 배를 채우는 일이 일상다반사였는데, 이제는 일하는 시간을 조금 줄이고 그 시간에 영양가 있는 식사를 준비해서 먹도록 하고 있었다. 그렇지만 여행 중에는 균형 잡힌 저혈당 식단을 유지하기 어려우리라 생각했는데, 나가노에 도착하자마자 몸에 좋은 식사를 파는 가게를 찾아서 기뻤다.

가게 앞에는 두 명이 서 있었다. 대기자 명단에 이름을 써 놓고 기다리는 사람들 같았다. 가게 안은 붐비지 않았는데도 우선은 대기자 명단에 이름을 쓰고 기다려야 하는 방식이었다. 가게 앞 안내문에는 직원이 부족한 관계로 대기 명단을 받고 있으니 양해해 달라는 내용이 쓰여 있었다. 자리가 있어도 대기를 하는 경우는 처음 보았는데 생각해 보니 들어오는 손님들을 모두 받아 점내를 혼잡하게 하기보다는 직원 인력에 맞춰 손님을 받는 것이 현명한 방식인 것 같았다. 고객의 입장 속도를 조절해 점내를 질서 있게 유지하고 직원이 여유를 가지고 일할 수 있는 분위기

를 만드는 새로운 방식을 하나 배웠다. 기다리는 사람들도 전혀 불편해하는 기색이 아니었다. 명단을 쓸 때 보니 모두 이름을 가타카나[2]로 적어 두었길래 나도 가타카나로 문(ムン)이라고 적었다. 글씨가 바르지 않을 수도 있어서 잘 읽힐지 조금 우려했는데 다행히 점원이 정확하게 내 이름을 불러 주었다.

안내받은 자리는 카운터석이었다. 내가 앉은 자리 옆에서는 혼자 온 여성이 식사를 하고 있었다. 점원이 와서 메뉴판을 보여 주며 메뉴들을 소개해 주었다. 가게 밖에 있는 사진을 보고 마 낫토 덮밥을 주문하기로 결정해 두었는데, 메뉴 설명을 들으니 12월에서 2월까지 판매하는 돼지 등심 된장조림 구이 정식이 먹고 싶어졌다. 미소에 절인 돼지고기라는 말이 입맛을 돋웠다. 그런데 주문하고 얼마 지나지 않아 직원이 와서 내가 주문한 정식 메뉴가 품절됐다고 말했다. 그래서 처음에 정해 두었던 마 낫토 덮밥을 먹기로 했다. 점원이 밥의 양을 어느 정도로 할지 물었는데, 그런 것도 결정하는 줄 몰랐던지라 "밥의 양 말인가요?"하고 되물었다. 점원은 밥 양을 소, 중, 대로 정할 수 있다고 했고 나는 "보통으로 해 주세요. (普通にしてください。)"라고 대답했다. 이에 점원이 "보통으로요, 알겠습니다. (普通で、かしこまりました。)"라고 대답하는 걸 듣고, '~으로 부탁합니다'라고 할 때 '~으로'는 '~に'가 아니라 '~で'를 써야 한다는 것을 알았다.

---

2 일본어의 문자 중, 주로 외국어나 외래어를 표기할 때 사용하는 문자.

이윽고 요리가 나왔다. 하얀 밥 위에 지르르한 간 마, 낫토, 오크라[3], 얇게 썬 김 그리고 양파를 닮은 향이 강한 채소가 올려져 있었다. 작은 그릇에 감자샐러드도 담겨 있었다. 무척 건강해 보이는 요리였고 한 입을 먹어 보았을 때는 그 건강함을 더욱 깊게 느낄 수 있었다. 마와 오크라는 익숙한 식재료가 아니어서 맛이 어떨지 궁금했는데 슴슴하면서도 색다른 맛이었다. 낫토의 양은 평소 집에서 한 끼에 먹는 양보다 적어서 낫토 맛은 별로 느껴지지 않았다. 낫토가 더 많았어도 좋을 것 같다고 생각했다. 색다른 건강한 맛을 느낀 것은 좋았지만 채소 맛만 두드러지는 요리라, 고기나 생선 요리를 주문하기로 했다. 메뉴판을 둘러보고 연어 사시미와 사과주스를 주문하기로 정했다. 마실 것을 시킬 생각은 없었는데, 신슈의 특산품인 사과를 100% 착즙한 주스라는 설명을 보고 마시고 싶어졌다. 신슈가 사과로 유명하다는 것은 물론이고 이곳 지역 이름이 신슈(信州)인 것도 이 식당에서 처음 알았다. 나중에 알아보니 신슈는 나가노의 옛 명칭이라고 한다. 메뉴판에는 신슈가 일본 내에서 장수 1위인 지역이라고도 나와 있었다. 과연 식당 이름이 장수식당인 것도 납득이 갔다.

점원에게 연어 사시미와 사과주스를 주문하자 곧 주스가 먼저 나왔다. 사과주스는 요리를 다 먹고 나서 마시려고 시킨 건데

---

3 オクラ - 더운 지방에서 자라는, 고추와 비슷한 모양의 채소. 맵지는 않으며 조금 끈적끈적한 식감이 특징이다.

얼음이 담긴 잔에 나와서, 얼음이 다 녹기 전에 조금 속도를 내서 다른 요리들을 먹기로 했다. 연어 사시미도 곧 나왔다. 세 점은 생으로, 세 점은 불에 살짝 구워져서 나왔다. 우선 생 사시미에 와사비를 올려 한 입 먹어 보았다. 담백하고도 풍부한 생선의 맛이 입안 가득 느껴졌고, 연어에서 흔히 느껴지는 느끼함이라고는 없었다. 주문하기를 잘했다고 생각했다. 밥을 조금 먹고 연어 회를 한 점 먹으니, 맛의 균형이 훌륭했다. 생 사시미 세 점을 다 먹고는 살짝 구운 사시미도 한 점 먹었다. 굽지 않은 사시미보다는 생생한 풍미가 덜했지만 그래도 맛있었다. 쌀과 채소만으로 채워진 밥 한 공기, 그리고 신선 담백한 연어회는 맛도 좋고 기분까지 산뜻해지게 하는 조합이었다. 요리를 비우고 사과주스에 손을 뻗었다. 꽂혀 있는 빨대로 주스를 빨아들이니 상큼하고도 시원한 맛이 무척 좋았다. 처음에는 조금씩 마시려고 했는데 결국 한 번 입을 댄 상태로 모두 마셔 버렸다. 사과주스가 450엔이었는데 이렇게 빨리 450엔을 소비하다니 스스로도 조금 우스웠지만 기분은 좋았다.

식사를 마치고 계산을 했다. 식당이 있는 2층에서 내려가기 전에, 내일 아침에도 이곳 식당에서 식사할까 하고 안내판을 다시 보았다. 오므라이스나 소바 등 먹어 보고 싶은 메뉴도 있었지만, 식당가의 운영 시간이 오전 11시부터였기 때문에 참고만 하기로 했다.

1층으로 내려와 역의 출구로 향했다. 밖을 바라보니 낯설고 새로운, 두근거리는 거리 풍경이 펼쳐졌다. 역 바로 앞에는 호롱 같은 조명 장식들이 있었다. 조명을 바라보던 중 어린 여자아이가 호롱 가까이로 달려왔고 아이의 엄마는 웃으며 아이를 뒤따라왔다. 아이에게 그 자리를 기꺼이 양보하고서 이곳 나가노까지 왔다는 걸 기념하는 의미로 역 현판을 사진으로 남겼다. 거리 쪽으로 향하니 작은 인공 연못과 불빛 장식이 있었다. 장식 자체는 단순했지만, 역과 도심 사이에 이런 조경을 해 둔 것이 마음에 들었다. 실제로도 드나드는 사람들의 마음을 정화해 주는 면이 있는지 서너 명 정도는 멈춰 서서 불빛을 감상하고 있었다.

횡단보도를 건너기 전 불빛 장식을 바라보고 있었는데 익숙한 멜로디가 들려왔다. 신호등이 켜졌음을 알려 주는 안내 멜로디였는데 다름 아닌 고향의 하늘(故郷の空)이었다. 생각지도 않았던 갑작스럽고도 반가운 만남에 마음이 들떴다. 고향의 하늘은 일본의 악보 제작 및 판매사 윈드스코어(Windscore)의 유튜브 채널에서 내가 자주 듣는 음악이다. 채널에는 악보의 시범 연주가 올라오는데 편곡이 잘된 좋은 연주가 많아서 평소에 즐겨 듣는다. 그중 고향의 하늘 색소폰 5중주는 내가 가장 좋아하는 곡이다. 그 곡은 원곡을 스윙(swing)[4]으로 편곡한 버전인데 신호등에서 흘러나온 것은 정박 멜로디였다. 평소에 듣던 것과 박자가 달라

4 특히 재즈에서, 박자를 당기고 밀며 연주하는 것.

반듯한 느낌이 들었는데, 익숙함 속의 새로움이라 왠지 더 신선하게 다가왔다. 그나저나 이 곡이 일본에서는 누구나 아는 익숙한 음악인지 궁금해서 조금 알아보았다. 원곡은 스코틀랜드 민요 '호밀밭을 지나며(Comin' Thro' the Rye)'인데, 일본에서는 여기에 가사를 붙여 동요로 부르는 등 친숙하게 접하고 있는 것 같다.

기분 좋은 멜로디를 들으며 횡단보도를 건너 맞은편 훼미리마트에 들어갔다. 다음 날 있을 뮤지컬 공연의 티켓을 수령하기 위해서였다. 이번 뮤지컬은 티켓 수령 방식에 현장 수령이 없었고, 우편 수취와 편의점 수취 중에서 선택해야 했다. 편의점에서 티켓을 받는 건 처음이어서, 편의점 내의 발권 기계로 티켓을 받는 방법은 미리 조사해 두었다. 훼미리마트에 들어가니 티켓 기계 같은 것이 두 개 있었다. 둘 중 무엇을 사용해야 할지 몰라서 점원에게 "뮤지컬 티켓을 교환하려면 어느 기계를 사용해야 하나요?"라고 물어보았다. 점원은 "저쪽 기계를 이용하면 됩니다."라고 말하며 계산대에서 멀리 있는 쪽의 기계를 가리켰다. "감사합니다."라고 인사하고는 점원이 알려 준 기계로 갔다. 화면의 안내에 따라 티켓 번호를 입력하니 기계에서 종이 한 장이 나왔고, 그 종이를 계산대에 가져가자 점원이 그것을 기계에 넣어 티켓을 출력해 주었다. 편의점에서 티켓을 받는다는 방식이 신기하기도 했고 수수료도 없는 간단한 절차라 약간 놀랐다. 또 점원이 몹시 정중하고 친절한 태도로 도와줘서 기쁜 마음으로 티켓을 수령할 수 있었다. 가장 중요한 티켓을 해결하고는 편의점에서 쇼핑을 했다. 컵누들 오리지널 맛, 메이지(明治) 맛있는 우유, 크림 요구르트, 푸딩, 물을 구매하고 훼미리마트에서 나왔다. 나가노에 도착해 티켓을 받고 필요한 것도 구입했으니 이제는 숙소로 향하는 일만 남았다. 편의점 봉투를 왼팔에 걸고 오른손으로는 지도를 보며 숙소 방향으로 걷기 시작했다. 역에서 료칸까지는 걸어서 약 20분 거리였다. 숙소를 예약할 때 '역에서 도보 20분'이라고 쓰여 있으면 역에서 가깝겠다는 생각이 들지만 실제 역에서 20분 동안 걸어야 하는 상황이 되면 좀 각오가 필요하다. 이건 교토에 방문했을 때 여실히 느꼈던 점이다. 교토역 도착 이후 료칸까지의 길, 교토의 마지막 일정인 가이세키 식사를 마치고 료칸으로 걸어 돌아갔던 길을 떠올리면 지금부터 걸어서 우메오카 료칸까지 가는 게 그다지 유쾌하지만은 않으리라고 생각했다. 그래도 열심히 걸어가는 수밖에 없다. 역에서 조금만 걸었는데도 번화한 거리는 온데간데없이 어둡고 사람도 없는 길이 나와서 빨리 숙소에 도착하고 싶었다. 걸음을 재촉하면 할수록 길은 좁아지고 건물도 사람도 적어져서 무서웠다. 나가노 시청 앞에서 육교 아래를 지나 좁은 골목으로 들어가니 가로등도 없는 데다 지나다니는 사람도 어쩌다 한둘뿐이어서 빠른 걸음으로 숙소까지 갔다. 숙소 앞에 도착하니 그제야 조금 마음이 놓였다. 들어가서 가장 먼저 본 사람은 목욕을 하고 나오는 유카타 차림의 서양 사람이었다. 이유는 몰라도 투숙객의 모습을 보니 약간 안심이 되었다. 데스크에는 아무도 없었고 전화를 해 달라는 메모만 있었다. 데스크의 전화기로 전화하려던 때, 마침 주인 할아버지가 나왔다. 할아버지는 사람 좋은 미소로 내게 인사를 하며 데스크로 왔고, 곧 수첩에 적힌 이름을 확인했다. 예약은 인터넷으로 받는데도 가죽 수첩에 투숙객들의 이름과 정보를 손수 적어 관리하는 모습을 보니 정성과 일종의 향수가 느껴졌다. "Where are you from?"이라는 물음에 "한국입니다."하고 답하니, 주인 할아버지는 자신도 한국을 좋아해서 몇 번 가 보았다고 했다. 그리고 여권을 부탁한다고 해서 여권을 꺼내 보여주었다. 여권을 돌려받고는 방 열쇠를 받고 목욕탕의 위치를 안내받았다. "목욕은 몇 시까지 할 수 있나요?"라고 물었더니 밤 11시까지라는 대답이 돌아왔다. 늦은 시간까지도 목욕할 수 있다는 사실에 안심했다. 주인 할아버지께 가볍게 인사를 하고는 방이 있는 2층으로 올라갔다. 2층으로 올라가는 계단은 짙은 색의 나무로 만들어져 있었고, 중간에는 큰 전신 거울이 놓여 있었다. 벽에는 아이들이 그린 듯한 그림이 액자로 걸려 있었다. 이곳이 아이들과 어떤 관련이 있는지 모르겠지만 다른 그림이 아니라 아이들이 그린 그림을 걸어 놓은 것이 왠지 좋았다. 내 방인 205호는 계단으로 올라갔을 때 바로 정면에 있었다. 열쇠로 문을 여니 신발장이 있었고 그 앞에는 종이로 된 미닫이문이 있었다. 그런데 미닫이문을 열고 스위치를 눌렀는데도 전기가 들어오지 않았다. 몇 번 더 해 보다가 결국 내려가서 불을 켜는 방법을 물어보았다. 그랬더니 할아버지의 아들인 것 같은 사람이 바로 같이 올라와 주었다. 그가 스위치를 누르고 방 안으로 들어가 전등 아래의 줄을 당기니 불이 들어왔다. 줄을 당겨 불을 켜야 한다는 것은 예상외였다. 감사 인사를 한 뒤 불이 켜진 방 안을 잠시 둘러보았다. 혼자 머무르기 좋은 크기의 방이었고, 다다미가 주는 느낌이 역시 좋았다. 특별한 점 없는 일반적인 료칸이었지만 그 점이 가장 좋았다.

다만 조금 둘러봐도 콘센트와 커피포트가 없었다. 컵누들은 나중에 호텔에서 먹으면 되니 커피포트가 없는 건 괜찮다 해도 콘센트가 없는 건 좀 문제였다. 보조 배터리로 연명해야 하나 했는데 다행히 텔레비전 아래쪽에 쓸 수 있는 콘센트가 하나 있었다. 하나면 충분하니 안심이었다.

방에 들어와서 간단히 짐 정리를 마치니 시간은 9시 30분이 되었다. 사 온 간식들을 꺼내 하나씩 먹어 보았다. 우유는 예상대로 맛있었다. 맛있고 깔끔한 우유라 또 사 먹고 싶다는 생각이 들었다. 푸딩은 아래 깔린 캐러멜 소스를 섞지 않은 채 먹어야 맛있는데, 그걸 생각 못 하고 뚜껑을 열고 바로 섞은 바람에 너무 달았다. 요구르트는 맛있었지만 양이 너무 많았다.

간식을 먹은 뒤 복도에서 쓰레기를 정리하던 중 주인 할아버지와 마주쳐 목욕할 것을 권유받았다. 도착한 지 얼마 되지 않았으니 목욕은 조금 이따 하려고 했는데, 이렇게 권하는 것을 보니 목욕부터 하는 게 이곳의 문화라는 판단이 들었고 11시까지는 욕실에서 나와야 하니 이제 목욕 준비를 하기로 했다.

방에는 사이즈별로 유카타가 세 벌 준비되어 있었다. 나는 중간 사이즈의 짙은 초록색 유카타를 입기로 했다. 유카타와 세면도구를 챙겨 1층의 목욕탕으로 향했다. 투숙객 모두가 이용하는 목욕탕이었지만 내가 갔을 때는 나밖에 없었다. 욕실로 들어서니 짐을 놓는 나무 사물함과 세면대가 있었고 욕탕은 문을 열고 들어가게끔 되어 있었다. 우선 세면대에서 양치와 세수를 했다. 세수까지 마치고는 욕탕으로 들어갔더니 물이 시원하게 쏟아지는 소리가 기분 좋게 들렸다. 옛날식 목욕탕에 있을 법한 샤워기가 있었고 그 앞에는 목욕용 의자와 바가지가 갖춰져 있었다. 구식이었지만 결코 나쁜 느낌은 아니었다. 집에서 늘 하는 가벼운 샤워가 아니라 본격적으로 씻는 기분이 들어 더욱 좋았다. 샤워기에서 물을 트니 수압이 정말 강했다. 상상 이상의 수압 덕분에 민첩하고 시원시원하게 샤워를 했다. 수압이 엄청나니 비누를 헹궈내는 속도도 압도적이었다. 순식간에 몸과 머리를 씻어 내고도 샤워를 조금 더 하고 싶다는 생각이 들었지만 탕에 들어가야 하니 이만하기로 했다. 샤워기를 잠그고 탕으로 향했다. 탕의 한쪽에서는 작은 폭포처럼 물줄기가 떨어지고 있었고 한쪽 바닥에서는 물이 보글보글 뿜어져 나왔다. 욕조 바닥이 초록 타일로 되어 있어 물도 초록빛으로 보였다. 물이 너무 뜨겁지 않을지 생각하며 발끝을 물에 담그고, 이윽고 물속에 완전히 몸을 담갔다. 처음으로 전신을 물에 담근 그 순간, 모든 피로가 싹 풀어지는 듯한 느낌이 들었다. '피로가 한순간에 날아간다'라는 말은 그만큼 기분이 좋다는 의미의 상투적인 표현이라고 생각했는데 이때는 말 그대로 피로가 한순간에 날아가는 걸 경험했다. 몸에 피로가 쌓여 있다는 걸 인식하고 있지 않았기에 더욱 물에 몸을 담근 순간의 그 감각은 어떤 충격처럼 다가왔다. 일본에서는 매일 욕탕에 몸을 담그는 것이 당연시되는데, 그것이 정말 현명한 문화라는 생각이 들었다. 누구나 하루하루의 피로를 적극적으로 씻어내는 것이 당연하고 권장된다는 점에서 여유와 지혜를 느낀다.

목욕탕에 들어가 있는 시간은 무척 좋았다. 나가노까지 오는 열차 안에서 내일 온천에 갈 계획을 세웠는데 굳이 갈 필요가 없을 것 같았다. 이 목욕탕이 지상 최고의 온천이라고 느껴졌다. 내일 밤에도 여기에서 목욕할 생각을 하니 기분이 더욱 좋아졌다.

목욕탕에 너무 오래 있으면 안 좋으니 적당한 때에 나가야겠다고 생각하며 들어갔는데, 실제로는 5분 정도만 몸을 담가도 피로가 풀릴뿐더러 탕의 열기도 있어서 그쯤이면 충분했다. 짧은 시간에 놀랄 만큼 피로가 풀렸고 몸이 따뜻해졌다.

유카타를 입었다. 중간 사이즈라 조금 클까 생각했는데 몸에 딱 맞고 편안했다. 색도 편안하고 자연스러운 색이라 마음에 들었다. 로션을 바르고 머리를 말렸다. 혹여 내일 아침에 샤워를 못하고 나가게 될지도 모르니 뒷머리를 꼼꼼히 말렸다. 목욕을 마치고 머리까지 다 말리니 마음이 홀가분했다. 욕실에서 나와 2층에 있는 방으로 올라갔다.

목욕을 마치고 방에 들어가니 10시 30분이었다. 그렇게 늦은 시간이 아니라서 기분이 가벼웠다. 이불 위에 앉은 뒤 친구에게 전화를 걸어 오늘 여행 이야기를 나누고, 일에 대한 상담도 조금 했다. 학원 일이 과중하게 느껴지기 시작했다는 이야기를 친구는 진지하게 들어 주었다. 전화하다 보니 시간이 늦어져서 마무리하고 잠자리에 들기로 했다. 다음 날은 7시 30분에 일어나 나가노역으로 가서 그곳에서 파는 소바를 먹은 뒤, 마츠모토로 출발할 계획이었다.

겨울 3: 나가노

2024. 2.10. (토)

5시 30분에 눈이 떠졌다. 왠지 꿈자리가 사나운 밤이었다. 바닥에서 자서 그런지 자기 전에 생각을 너무 많이 해서 그런지 드물게도 깊게 잠들지 못했고, 어두컴컴한 시간에 눈을 떠 시간을 보니 5시 30분이었다. 7시 30분에 알람을 맞춰 두었으니 두 시간은 더 자야겠다는 생각에 다시 잠자려고 했는데 한 번 깨니 좀처럼 잠이 오지 않았다. 잠시 눈을 감고 있다가, 이참에 아예 일찍 일어나서 움직이기 시작하면 어떨까 싶었다. 여행 중이니 일찍 일어나게 된 건 어쩌면 아주 큰 행운이다. 어제 나가노까지 오는 열차 안에서 시간이 부족하니 나라이주쿠에는 갈 수 없다고 정했는데 이렇게 이른 시각부터 움직인다면 갈 수 있을까 싶어 열차 시간을 확인했다. 6시 31분에 나가노역에서 나라이주쿠로 가는 열차가 출발한다. 이 열차를 타면 오전 8시 40분쯤에 나라이주쿠에 도착하는데, 나라이주쿠의 가게들이 빨라도 10시에 문을 여는 걸 생각하면 이른 시간에 도착하는 셈이다. 6시 31분 열차 다음에 7시 45분에 출발하는 열차가 있기는 한데, 그 열차를 타면 시간이 애매하게 늦어지기 때문에 다소 이르더라도 6시 31분 열차를 타는 게 가장 좋겠다는 판단이 섰다. 이 판단을 내린 시각이 5시 45분이었으니, 샤워는 단념하고 세수만 한 뒤 서둘러 나가기로 했다. 갑작스러운 판단에 긴장이 되면서도 왠지 설레었다. 1층으로 내려가 양치와 세수를 마치고, 방 정리는 뒤로 한 채 필요한 물건을 챙기니 6시 5분이 되어 있었다. 역까지 걸리는 시간은 약 20분이고 역에 들어서서도 플랫폼을 찾고 이동하는 시간도 있으니 지금부터 서둘러 가야 시간에 맞출 수 있을 것 같았다. 료칸에서 나와 지도가 안내하는 길을 향해 뛰기 시작했다. 어제 역에서 료칸까지 왔던 방향과 반대 방향이었는데, 조금 뛰다가 지도를 보니 생각보다도 가까이에 도착지가 있어서 뭔가 이상했다. 살펴보니 내가 가려던 경로가 아닌 다른 경로를 선택하고서 역이 아닌 버스 정류장을 향해 뛰고 있던 것이다! 순간 절망적인 기분도 들었지만 그럴 때가 아니었다. 지도를 재확인하고 왔던 방향으로 또 달리기 시작했다. 그때의 시간이 이미 6시 9분이었으니 방심하다가는 반드시 늦는다. 길을 틀리지 않고 시간에 맞게 가야 한다는 압박감과 선선한 이른 아침 나가노의 거리를 달린다는 낯선 상쾌함이 동시에 느껴졌다. 나가노 시청 앞까지 와서는 어제 왔던 길과 달리 골목을 통해 역까지 가기로 했다.

골목의 풍경은 꽤 운치 있었다. 아침의 어스름에 잠긴 작은 집들과 철도, 그 사이를 가로지르는 작은 개울까지, 잠깐만 볼 수 있는 풍경이었기에 더욱 기억 속에 남아 있다. 사진을 찍을 여유는 없었지만, 작은 목조 주택 사이를 흐르는 개울을 보고는 불현듯 사진으로 남겨야겠다는 생각이 들었다. 그 생각을 의심할 시간도 없었기에 신속하게, 그리고 침착하게 셔터를 눌렀다. 지금도 그 사진을 보면 나가노의 한적한 아침 거리를 다급하게도 달렸던 그때가 생생히 생각난다. 역까지의 거리를 달리고 또 달려 겨우 역에 도착했다. 기차역이라는 게 진입하는 문이 많아서 잘 모르는 사람 입장에서는 꽤 복잡한 구조다. 나가노역은 입구가 1, 2층으로 나눠진 구조였지만 멈춰 서서 생각할 여유는 없었기에 무조건 달려서 2층 입구로 들어갔다. 2층 입구로 들어서니 다행히 어제 보았던 역의 풍경이 펼쳐졌다. 역으로 들어가서 눈으로 재빨리 내가 탈 열차의 입구를 찾았다. 어제는 신칸센 아사마 호로 왔지만 오늘 탈 열차는 신칸센이 아니다. 나라이주쿠까지 가는 시노노이선을 타려면 지역 열차 플랫폼으로 가는 게 맞다는 판단으로 개찰구에 표를 넣고 뛰어 들어갔다. 이제는 플랫폼 번호를 확인해야 한다. 시노노이선이 들어오는 것은 6번 플랫폼인데, 천장에 걸린 안내판에서는 숫자 6을 찾을 수 없었다. 빠르게 눈을 굴려 '6번 플랫폼 직통 엘리베이터'라고 적힌 기둥을 발견하고는 고민하지도 않고 달려가 엘리베이터에 탔다. 엘리베이터로 한 층 내려가니 야외 플랫폼과 바로 연결되어 있었고, 시노노이 선 열차가 대기하고 있었다. 다만 열차의 문이 닫혀 있었는데 다시 살펴보니 버튼을 눌러 개폐하는 방식이었다. 버튼을 누르니 열차 문이 열렸다. 문이 열렸을 때, 그리고 자리에 무사히 앉았을 때의 안심감은 이루 말할 수 없다. 그때의 시간이 열차 출발 1분 전인 6시 30분이었다. 만약 길에서 걷는 시간이 뛰는 시간보다 조금이라도 더 길었거나 역에 도착해서 플랫폼을 찾는 데 시간이 걸렸더라면 간발의 차로 타지 못했을 것이다. 정말 감사하고도 다행이었고, 이렇게 빠른 시간 안에 플랫폼을 찾을 수 있었던 것도 작년 오사카와 교토를 여행했을 때, 그리고 어제 공항에서 나가노로 오는 과정에서의 경험 덕분이라고 생각하니 더욱 마음이 벅찼다.

열차가 출발했다. 안심감과 피로감에 멀뚱히 있던 것도 잠시, 곧 창밖의 풍경에 마음이 향했다. 눈으로 가득 덮인 산과 절벽이 끝없이 펼쳐지는 놀라운 풍경이었다. 마음속으로 상상할 수는 있지만 어디에서 볼 수 있을지 모르겠을 법한 그런 풍경이었다. 설산 하나야 구경하려면 쉽게 구경할 수 있을지도 모른다. 그런데 열차가 달리고 달려도 창밖에는 사람의 손이 닿지 않은 야생의 산, 야생의 눈, 야생의 절벽이 계속 펼쳐졌다. 무언가 일상과 동떨어져 있는 듯한 느낌을 받았고, 이곳이 특별한 곳이라는 선명한 감각이 들었다. 눈 쌓인 산의 아름다운 사진은 검색하면 얼마든지 나오지만, 나가노의 이 눈풍경은 왠지 먼 미래에야 다시 볼 수 있을 것 같은 느낌이 들었다. 기차가 달리면서 눈에 덮인 산과 절벽의 모습이 옛날 애니메이션의 필름처럼 끊임없이 지나갔다. 순간을 포착할 수 없어서 그런지 왠지 덧없고 그립게 느껴졌다. 처음이지만 마지막인 것도 같고, 그리운 것도 같은 감각이었다.

열차는 달리고 달려 8시 11분에 시오지리역에서 정차했다. 여기에서 나카츠가와 방면 주오본선으로 환승해야 했다. 갈아탈 열차가 8시 16분에 출발하기 때문에 5분 이내에 환승해야 했고, 플랫폼을 헤매다 늦진 않을까 걱정도 되었지만 일단 내려서 찾는 것밖에는 방법이 없으니 재빨리 행동하기로 했다. 시노노이선에서 내려 계단으로 올라가니 바로 오른쪽에 환승할 플랫폼이 있었다. 지난 오사카와 교토 여행에서 기차역이 익숙하지 않아 헤맸던 경험이 있어서, 이번 여행길에 오를 때까지도 기차역은 어려운 곳이라고 생각하고 있었다. 하지만 이번 여행에서 기차역을 몇 번 더 이용해 보니 역내에는 열차 시간, 플랫폼 위치 등의 정보가 생각보다 알기 쉽게 안내되어 있다는 걸 느꼈다. 실제로 시노노이선에서 주오본선으로 갈아타는 곳도 찾기 쉬운 위치에 플랫폼 위치가 적혀 있어서 간단하게 찾을 수 있었다. 주오본선의 플랫폼으로 향하니 열차는 이미 도착하여 정차 상태였고, 나는 가벼운 마음으로 열차에 올랐다. 5분이라는 시간은 환승하기에 충분한 시간이었다. 한국 지하철처럼 승객끼리 마주 보고 앉도록 되어 있는 아까의 시노노이선과 달리 주오본선은 버스처럼 좌석들이 앞쪽을 향하도록 되어 있었다. 플랫폼에서 바로 탈 수 있는 1번 칸에 몸을 맡기니 이윽고 열차가 출발했다. 주오본선은 열차 여행이라는 말에 어울리는 열차였다. 전원적인 분위기의 작은 마을 풍경이 창밖으로 펼쳐졌고, 창밖 풍경이 열차로부터 가까워서 손을 뻗으면 나무나 밭에도 닿을 수 있을 것 같았다. 그리고 운임은 내릴 때 운전사에게 지불하거나 승차권을 보여주게 되어 있었다. 열차 출발 시간이나 업무 강도를 고려했을 때 운전사가 하나하나 요금을 확인하는 방식이 괜찮을까 하는 생각이 들면서도, 예스러운 이 방식이 왠지 마음에 들기도 했다. 8시 16분에 출발한 열차는 8시 39분에 나라이역에 도착할 예정이었다. 아까 시노노이선으로 1시간 40분 동안 왔으니 주오본선에 타는 시간은 상대적으로 짧은 편이었다. 열차를 타고 가면 갈수록 산속 시골로 향하는 것 같아 비일상적인 기분이 들었다. 이른 아침에 사람들이 잘 가지 않는 산속 시골 마을로 떠난다는 사실이 특이한 감각을 주었다. 아주 조금은, 가면 안 될 곳에 가고 있는 것 같다는 느낌도 들었다. 열차 안에는 사람들이 몇몇 있었지만 나처럼 나라이역에 내릴 사람들은 많지 않을 것 같았다. 그도 그럴 게 나라이역에 내리면 방문할 곳이라고는 나라이주쿠밖에 없다. 생각해 보니 나라이주쿠의 가게에서 일하는 사람들도 몇 있을 것 같았다. 나와 같은 열차에 타고 있는, 같은 '승객'이라는 입장이 나라이주쿠에서는 점원과 고객으로 바뀔 거라고 생각하니 왠지 신기했다.

나라이역에 내렸다. 나는 운전사와 가까운 1번 칸에 타고 있었으므로 비교적 금방 내린 편이었고, 내가 내리고도 꽤 많은 승객이 나라이역에서 내렸다. 다른 사람들은 기차에서 내리고 곧 역 쪽으로 갔지만, 나는 잠시 남아 역 현판을 사진으로 남겼다. 작게는 오늘 아침 나가노시에서 이곳까지 온 것이, 크게는 제주에서 인천, 도쿄, 나가노를 거쳐 이곳 나라이에 온 것이 경탄스럽고 뿌듯하게 느껴졌다. 나라이역 현판의 사진을 찍고는 잠시 내가 내린 플랫폼 주위를 둘러보았다. 시야의 왼쪽에는 산과 나무, 눈 쌓인 민가들이 보였고, 오른쪽을 보니 왼쪽보다 조금 더 질서 있게 늘어서 있는 집들의 풍경이 보였다. 플랫폼에서 역까지 가는 길은 특이했다. 옛날 느낌이 물씬 나는, 이곳저곳 녹슬어 있는 육교 같은 계단을 건너가면 역사로 이어지는 구조였다. 계단에서 내려와 역사에 들어가기 전의 풍경도 좋았다. 왼편에는 눈 쌓인 철도, 오른편에는 나무로 만들어진 고즈넉한 역 건물, 그리고 정면에는 우뚝 솟은 산이 보였다. 이 요소들이 어우러지면서 그림으로 그려낸 듯한 한적한 겨울 일본의 역 풍경이 만들어졌다. 곧 오른편의 역사로 들어갔는데, 역의 할아버지가 "괜찮다면 지도를."이라고 말하며 나라이주쿠의 지도를 건네주었다. 지도에는 세밀한 그림과 함께 촘촘한 글자들이 담겨 있었다. 나라이역의 역무원은 이 할아버지밖에 없는 것 같았다. 작은 역이라 실내 설비가 완전하지도 않고 도시에서 동떨어진 곳이라 할아버지 혼자만 일해도 괜찮을까 싶었다. 그때는 왜인지 역무원 할아버지도 열차를 타고 통근할 거라고만 생각했는데 지금 생각해 보니 할아버지는 나라이 주민인 것 같다. 나라이역에 도착하자마자 할아버지가 당연히 나라이주쿠의 지도를 건넸으니, 그때는 이곳에 오는 사람은 모두 나라이주쿠 여행이 목적이라고 생각했다. 나중에 민간 자동차가 다니는 모습을 보고서야 이곳에서 생활하는 주민도 있겠다는 생각이 들었다.

나라이역의 역사 내부는 아주 작았는데, 나무로 된 의자가 몇 개 있었고 벽은 옛날 느낌이 나는 초록색 페인트로 칠해져 있었다. 그 초록 벽에 '나라이주쿠에 어서 오세요(ようこそ奈良井宿へ)'라고 적힌 주황색 종이가 걸려 있었고, 옆에는 나라이주쿠의 옛 모습을 담은 흑백 사진이 붙어 있었다. 대합실 전체적으로 왠지 할머니, 할아버지가 떠오르는 인상이었다. 대합실에서 나와 역무원 할아버지가 설명한 대로 왼쪽으로 향하기 전, 정면 민가까지의 넓은 공간에서 잠시 주위를 둘러보았다. 서양 여성 두 명이 돌담 앞에서 사진을 찍고 있었다. 이 시간에 나 말고도 구경 오는 외국인이 있다는 사실에 약간 안심이 되면서도 이 사람들도 꽤 별난 시간에 왔구나 하는 생각도 들었다. 몸을 돌려 다시 역 쪽을

바라보니 문 바로 옆에 나라이주쿠(奈良井宿)라 적힌 멋스러운 나무 현판이 보였다. 이제 나라이주쿠를 향해 걷기 시작했다. 땅은 얇게 얼어 있었고, 거리를 거니는 사람들이 몇 있었다. 거리에는 혼자 온 서양 남성과 동양 남성이 각각 한 명씩 보였다. 어쩌다 보니 도시에서 동떨어진 나라이주쿠에, 가게도 열지 않은 이른 시간에 혼자 오게 된 나는 왠지 별난 행동을 한 것 같다는 감각이 있었다. 하지만 나처럼 이런 시간에 이런 곳에 혼자 온 여행자들을 보니 나와 그 사람들은 연관도 없고 아마 대화도 나누지 않겠지만 어딘가 공통된 점이 있다고 느껴졌다.

나라이주쿠의 시작점에서부터 그랬지만 한 손에 카메라를 들고 걸으니 손이 시렸다. 처음에는 손이 차가워도 정신력으로 버틸 생각이었지만 조금 걷다 보니 손에 감각이 없어지고 너무 차가워졌다. 이러다가는 여행 시작부터 동상에 걸리겠다 싶어서 목도리 안에 양손을 찔러 넣고 입으로 후후 불며 걷기 시작했다. 따뜻한 입김이 손에 닿으니 한결 나았다. 추위를 해결하려면 실내에 들어가거나 난방이 필요하다고 생각했는데, 입김만으로도 손이 따뜻해지는 경험을 하니 스스로 추위를 이겨내는 방법을 터득한 것 같아서 기뻤다. 걷는 속도에 맞춰 "후, 후"하고 크게 두 번씩 불기도 하고, "후후후"하고 짧게 세 박자로 불기도 하니 왠지 재미있었다. 중학교 시절 달리기 연습을 하던 때가 생각났다. 운동장을 몇 바퀴씩 뛰다 보면 호흡 패턴이 생긴다. 두 박자, 세 박자, 네 박자로 숨을 쉬어 보면서 지금의 상태에 가장 알맞은 박자를 찾는다. 그 리듬에 맞춰 숨 쉬며 달리는 것은 상당히 재미있다.

손은 점점 따뜻해졌고 하늘은 점점 밝아졌다. 처음 도착했을 때의, 약간 어스름한 빛에 잠긴 나라이주쿠의 모습이 점차 선명해지고 생기를 찾았다. 거리에 깊게 들어설수록 땅에 쌓인 눈의 양은 많아졌지만, 어두운 회색빛이 아닌 밝은 하얀 눈이라 거리에 맑은 운치를 더해 주었다. 나라이주쿠는 에도 시대 거리의 모습을 그대로 보존한 곳이라고 하는데, 나는 에도 시대에 대한 지식이 없어 나라이주쿠의 풍광을 온전히 이해하지는 못했지만 고즈넉한 목조 집들과 그윽한 거리 풍경은 무척 마음에 들었다. 사실 봄이나 여름에 이곳에 온다면 더욱 아름다운 풍경을 맛볼 수 있을 것 같았다. 태양빛을 받아 숨쉬고 선명한 초록빛과 어우러지는 에도 시대 거리의 모습은 더없이 아름다울 것 같다는 생각도 들었지만, 잠들어 있는 듯한 겨울 아침의 나라이주쿠 또한 아주 특별하다는 생각이 들었다. 거리의 표지판을 보니 근처에 절도 있는 것 같았지만, 추운 탓에 모험하고 싶은 마음이 들지 않아서 향하지는 않았다. 푸릇푸릇한 생기가 도는 봄이나 여름 낮에 이곳에 다시 와서, 거리의 풍경과 절, 가게들을 천천히 구경하고 싶다고 생각했다. 이번 여행에서는 나라이주쿠에 온 것 자체가 의미 있는 성과라고 생각했다. 어제의 계산으로는 오지 못할 거라고 생각했던 나라이주쿠에, 아침에 일찍 눈을 뜬 덕분에 이렇게 와 있다. 그리고 다시 보기 어려울, 눈에 덮인 나라이주쿠의 모습을 눈에 담고 있다.

아름다운 목재 가옥들의 모습을 눈에 담으며, 그리고 얇게 깔린 하얀 눈 위를 조심스레 밟으며 거리를 걷다 보니 어느덧 거리의 끝에 다다랐다. 나는 키소 다리(木曽の大橋)를 보고 싶었기 때문에, 걸어온 길의 맞은편으로 가서 다시 역 쪽으로 돌아가기로 했다. 길을 건너려면 철도를 지나야 했다. 마침 철도에서 기차가 들어오는 소리가 나서 잠시 기다렸더니 곧 열차 한 대가 철도를 지나갔다. 빠른 속도로 나라이주쿠를 스쳐 가는 열차를 보면서, 나도 일본에 도착해 몇 번이고 열차를 타고 많은 곳을 스쳐 왔다는 생각이 들었다. 지금 저 열차에 타고 있는 사람이 창밖을 보고 있는지는 모르지만, 보고 있다면 창문 너머로 내가 서 있는 이 나라이주쿠의 모습을 보는 순간은 그들에게 어떤 기억으로 남을까 하는 생각이 들었다.

열차가 지나간 건 금방이었고 나는 당연히도 그 자리에 가만히 있었지만, 나는 그 열차가 나를 태우고 가는 것 같은 느낌이 들었다. 저 열차가 나를 여행길로 보내 줄 것 같은 느낌이 들었다.

열차가 지나가고 잠시 지나니 통행을 막아 두었던 바가 올라갔다. 철도를 가로지르는 건 어쩐지 특별한 기분이 든다. 하면 안 될 줄 알았던 일을 의외로 아무렇지도 않게 허락받은 것 같은 느낌이 든다.

철도를 건너가니 아까 보았던 거리와는 다르게 목재 가옥들은 없고 말하자면 평범한 아스팔트 길이 나왔다. 도로는 좁고, 길 한쪽으로는 개울이 흘렀다. 개울 주변에는 눈이 두껍게 쌓여 있었는데 신기하게도 개울은 전혀 얼지 않았다. 개울물은 깊은 파란색이었고 세찬 물살을 이루며 흐르고 있었다. 모든 게 겨울인데 흐르는 물만 혼자 겨울이 아니었다. 개울을 따라 걷다 보니 키소 다리의 모습이 보여 왔다. 멀리서부터 봐서 그런지 사진에서 본 것처럼 커 보이지는 않았다. 다리가 가까이서 보이는 위치까지 왔는데, 바로 앞까지 가려면 어떻게 해야 할지 감이 안 왔다. 다리 주변의 들판이 눈으로 가득 쌓여 있어 길이라 할 수 있을 만한 게 없었기 때문이다. 하는 수 없이 깊어 보이는 눈 위로 한 발을 내디뎠다. 여기는 아무도 손을 대지 않았는지 나라이주쿠의 모든 곳 중 가장 눈이 깊게 쌓여 있었고 걸을 때마다 발 전체가 눈 속에 빠졌다. 조심하지 않으면 위험하다는 건 알았지만 아주 무섭지만은 않았고 조금 재미있기도 했다. 이렇게 발목까지 푹푹 눈에 빠지는 경험은 언제 마지막으로 했는지 기억도 안 날 만큼 오랜만이다. 조심스러우면서도 들뜬 발걸음으로 다리 근처로 향했다. 다리 위에 올라갈 수 있을 줄 알았는데 다리 위는 통행금지였다. 다리 바로 앞에는 다리를 구경하는 여성이 한 명 있었다. 내가 온 방향의 반대 방향에서는 일본인으로 보이는 남자 한 명이 다리를 향해 오고 있었다. 그 사람도 깊은 눈 위를 걷는 게 꽤나 곤란한지 빠진 발을 높이 들어 올렸다가 다시 또 밟으며 경중경중 발을 내딛고 있었다. 그 사람은 다리 앞의 여자만큼 가까이 다리 쪽으로 갔다. 나는 그만큼 가까이 가지는 않고 조금 멀리에서 다리를 바라보았다. 깊은 눈이 산을 덮고, 들판을 덮고, 다리까지 덮었다. 발자국이 조금 찍힌 눈 들판 위에서 몇 명의 사람들이 그저 다리를 바라본다. 그 풍경은 어딘가 특이했다.

키소 다리에서 나라이역을 향하기 시작했을 때의 시간은 9시 35분경이었다. 키소 다리에서 나라이역은 멀지 않다. 우선 역에 가서 조금이나마 몸을 녹이면서 10시부터 영업하는 가게를 찾아보기로 했다. 역까지 가려면 특이하게도 작은 터널 같은 곳을 지나야 했다. 오사카의 나카노시마 장미 정원에 들어갈 때처럼 돌로 된 천장 아래를 지나는 구조였는데, 터널의 오른편은 높은 담이 있어 그 너머가 잘 보이지 않았지만 소리를 통해 물이 흐르고 있다는 걸 알 수 있었다. 작은 터널에서 나와 왼편을 보니 개울이 흐르고 있었다. 아까 본 것과 같은 깊은 푸른색이었다. 정적인 겨울의 이 거리와는 동떨어진, 조금 이질적인 느낌의 그 개울물이 좋았다.

나라이역에 돌아오니 대합실에는 아무도 없었다. 잠시 앉아 추위에 얼어버린 몸을 녹이려고 했는데 난로가 있는 것도 아니었기에 그렇게 따뜻하지는 않았다. 카페 코나야(カフェコナヤ)라는 가게가 10시부터 문을 연다는 것을 확인하고는 이내 역에서 나섰다. 카페 코나야는 역에서도 가까운, 나라이주쿠의 거리 한복판에 있는 가게였다. 지도를 확인하며 가게로 향했는데 처음 이 거리를 걸었을 때도 봤던 간판이었다. 가게 문을 열고 "들어갈 수 있나요?"라고 물었더니, 중년 여성 직원으로부터 "들어오세요."라는 대답이 돌아왔다. 추웠던 탓에 일단 가게에 들어갈 수 있는 것만으로도 마음이 놓였다. 가게 내부는 앤틱한 분위기였고, 벽과 테이블이 짙은 나무 색으로 맞춰져 있어 편안한 느낌이 들었다. 곧 메뉴판을 받아 메뉴를 확인해 보았다. 식사 메뉴 중 히로시마 오코노미야키와 철판 나폴리탄, 오믈렛 야키소바가 가장 눈에 들어왔다. 식사를 두 가지 주문할까 하다가 너무 욕심내지 말고 우선 식사 메뉴 하나와 A La Carte[1]에 있는 요리를 하나씩 시키기로 했다. 히로시마 오코노미야키에 달걀, 돼지고기, 새우가 들어 있다는 설명을 보고 입맛이 당겨 식사는 이것으로 하고 닭튀김도 하나 주문하기로 했다. 닭튀김의 메뉴명은 한입 산적구이(一口山賊焼き)였다. 어제 장수식당에서도 산적구이라는 메뉴를 보고 한자 賊을 검색했었다. 검색해서 賊이 '적'이라는 걸 보고도 결국 '적 구이(賊焼き)'가 무슨 의미인지 이해를 못 했는데, 다시 보니 산적(山賊)이 하나의 단어라는 걸 알게 되었다. 한국

1 '식단에 따라서'라는 뜻으로, 음식점에서 손님이 취향에 따라 하나씩 주문하는 요리를 이르는 말.

에서 고기 꼬치를 의미하는 산적(散炙)과는 한자가 다르지만 요리 이름에 쓰인 산적(山賊)도 육류를 뜻한다는 것을 추측할 수 있었다. 산적의 반대말로 해산물을 뜻하는 해적(海賊)이라는 표현이 있다고 하니 타당하리라 생각한다. 메뉴 두 가지를 주문하니 닭튀김이 먼저 나왔다. 원래 닭튀김을 그렇게 좋아하지는 않지만 아침 5시 30분에 일어나 식사도 하지 않고 열차, 도보로 몇 시간이나 돌아다녔던 데다 추운 날씨로 몸이 굳어 있기까지 했으니 따뜻한 닭튀김을 보기만 해도 기분이 부드럽게 풀렸다. 곧 점원이 히로시마 수프를 가져다 주었다. 오코노미야키만 히로시마 스타일인 줄 알았는데 수프도 히로시마식으로 나오는 것을 보니 히로시마 요리를 전문적으로 하는 식당인 것 같았다. 히로시마 수프는 약간 짭짤하면서도 상큼한 맛이 있었는데, 계속 마시기에는 다소 친숙하지 않은 느낌의 수프였다. 닭튀김을 한두 조각 먹으니 곧 히로시마 오코노미야키가 나왔다. 요리가 나오고서야 히로시마 오코노미야키에는 면이 들어가 있다는 걸 알게 되었다. 오코노미야키 속에 면이라니, 미리 알았다면 사실 선택하지 않았을 것 같은데 어쩌다 보니 새로운 경험을 하게 되었다. 재료의 조합상 맛이 없을 수는 없는 요리인 건 알지만 역시 탄수화물이 많아 무거운 느낌이었다. 또 돼지고기와 새우가 조금 더 크게 들어가 있었다면 좋겠다는 생각도 들었지만 사실 이렇게까지 생각하는 건 욕심이고, 편안한 카페에서 따뜻한 식사를 할 수 있다는 것 자체가 감사한 일이라고 다시금 생각했다. 요리를 천천히 먹으며 허기를 달래니 기분이 자연스레 누그러졌다. 요리를 다 먹어갈 때쯤 마실 것을 하나 주문하기로 정했다. 메뉴판을 보니 커피, 차, 주스 등 여러 음료가 있었는데 간단하게 따뜻한 말차 한 잔으로 식사를 마무리하기로 했다. 특이하다고 생각한 점은 녹차와 말차가 따로 있다는 점이었다. 녹차와 말차는 같은 줄 알았는데 두 차가 다르다는 것을 우선 알게 되었고, 주문한 말차가 나온 것을 보고 가루로 짙게 우려낸 것이 말차, 잎으로 맑게 우려낸 것이 녹차라는 사실이 짐작되었다. 교토에서 다도 체험을 할 때 만들었던, 색이 짙고 거품이 있는 차가 말차라는 것도 생각났다.

식사를 마치고 11시경 가게에서 나왔다. 11시 26분에 마츠모토행 열차가 들어오니 시간 여유를 두고 나온 셈이었다. 11시의 나라이주쿠는 아침보다 더욱 선명한 활기를 띠고 있었다. 나라이주쿠의 모습을 다시금 눈에 담은 뒤, 역과 가까운 화장실로 향했다. 이제 열차를 타고 마츠모토까지 가야 하니 화장실에 미리 들러야겠다고 생각했다. 화장실에 도착했는데 문에 빨간 글씨로 개방 엄금(開放厳禁)이라고 적힌 종이가 붙어 있었다. 열면 안 된다는 느낌을 강하게 주는 메시지라 들어가도 되는 건가 싶어 잠시 물러나 있었다. 그렇게 서 있었는데 뒤따라온 사람이 "저, 이거, 들어갈 수 있어요."라고 말을 걸어 주었다. 그 말을 듣고서야 개방 엄금이 문을 연 상태로 두지 말라는 뜻임을 깨달아서, "감사합니다."라고 인사하고 화장실에 들어갔다. 한자를 잘 이해하지 못하는 모습을 보았으니 외국인이라고 생각할 만도 한데 친절하게 알려 줘서 감사했다. 만약 내가 그 사람 같은 상황이었다면, 외국인으로 보이는 사람에게 먼저 말을 걸어 알려 주지 못했을 것 같다. 괜한 참견일 수도 있고 언어가 안 통할 수도 있다는 생각에 말 걸기를 망설일 것 같은데, 이렇게 도움을 받으니 감사하기도 하고 스스로를 반성하게 되었다. 나도 누군가가 도움이 필요한 모습을 보면 주저하지 말고 도와줘야겠다고 생각했다.

역에 도착하니 시간은 그럭저럭 흘러 11시 20분이 되어 있었다. 플랫폼에서 헤매지 않도록 역무원 할아버지에게 "마츠모토로 가는 열차를 타려면 몇 번 플랫폼인가요?"라고 물어보았다. "1번이에요."라는 대답을 듣고 인사를 한 뒤 곧바로 1번 플랫폼으로 향했다. 플랫폼에 도착하니 이미 몇몇 사람들이 플랫폼에서 기차를 기다리고 있었다. 하긴 이 역에는 열차가 2시간에 한 번 들어오니 시간 여유를 가지고 플랫폼에 오는 것도 당연하다는 생각이 들었다. 플랫폼은 야외였지만 작은 실내형 대합실도 있었다. 시오지리·나가노 방면이라는 안내판이 달린 대합실은 오래되었지만, 역과 어우러져 운치가 있었다. 곧이어 열차가 들어왔다. 열차에서 한 번 경적을 울렸는데, 내가 열차가 들어올 곳으로부터 너무 가까이 서 있어서 울린 경적임을 알고 한 발 뒤로 물러났다. 열차가 익숙지 않아서 열차가 들어올 때는 거리를 두고 있어야 한다는 것을 잊고 있었다. 다음부터 주의해야겠다고 생각했다. 마츠모토행 열차에는 좌석이 많았다. 그런데 어느 칸이 자유석 칸인지 확인하지 않고 열차에 오른 탓에 잠시 헤맸다. 일단 비어 있는 자리에 적당히 앉은 뒤 검색해서 지금 타고 있는 6번 칸이 자유석 칸임을 확인했다. 일본 열차는 신칸센이 아닌 이상 일단 타고 나면 지정석과 자유석 칸을 알기가 어렵다. 일본 열차를 몇 번 더 경험하면 요령을 알게 되리라 생각하며 마츠모토행 열차에 몸을 맡겼다. 중간에 환승하면 10분 일찍 마츠모토역에 도착할 수 있지만, 환승하지 않아도 마츠모토까지 가는 열차라 환승하지 않고 가기로 했다. 마츠모토역에는 12시 23분에 도착했다.

마츠모토역에는 꽤 인파가 있었다. 마츠모토시는 그렇게 인구 규모가 큰 도시가 아니라고 알고 있는데 이 정도로 사람이 많은 것을 보니 일본 전체의 인구 규모도 실감할 수 있었다.

마츠모토역의 동쪽 입구에는 동쪽 문(東口)이라는 이름 옆에 성 문(お城口)이라고도 적혀 있었다. 마츠모토성 방향 출구를 찾는 사람에게 아주 편리한 정보였다. 역에서 나오니 버스 정류장이 있었고 마츠모토성 방면이라고 적혀 있어서 잠시 살펴보았다. 원래는 역에서 내려 마츠모토성까지 걸어갈 생각이었는데, 마츠모토성까지 바로 가는 버스가 있다면 시간도 체력도 아낄

수 있을 것 같았다. 시간표를 살펴보니 바로 잠시 뒤인 12시 30분에 마츠모토성 방면 버스가 들어온다고 되어 있었다. 승차권이나 티켓 같은 게 필요한지는 몰랐지만 일단 버스에 올라 보기로 했다. 곧 버스가 들어왔고 나 말고도 할아버지 한 명이 버스에 탔다. 뒷문으로 올라타 잠시 앉았다가, 앞쪽의 운전사에게 가서 "티켓 같은 게 있어야 탈 수 있나요?"라고 물었다. "현금이면 괜찮습니다."라는 대답을 듣고 안심한 후 버스로 마츠모토성까지 가기로 했다. 버스는 마츠모토시의 작은 도로 사이를 지나 성으로 향했다. 마츠모토시의 거리는 아기자기하면서도 밀도 있게 가게들이 들어서 있어, 작지만 활기가 넘치는 모습이었다. 12분 정도 버스를 타고 이동해 마츠모토성 정류장에 내렸다. 내리자마자 커다란 호수가 눈앞에 보였다. 성이나 궁에 어울리는 넓은 호수였고 오리가 많았다. 넓은 호수라고는 해도 도시 한복판에 있는 셈인데, 한눈에 보기에도 오리가 10마리는 넘게 있어서 신기했다.

호수를 따라 왼쪽으로 조금 가니 성으로 들어갈 수 있는 문이 보였다. 지금 찾아보니 이 문의 이름은 태고문(太鼓門)으로, 규모는 그렇게 크지 않았다. 호수와 돌담, 검은 기와와 하얀 눈이 어우러진 모습은 낯설지 않은 고즈넉함을 풍겼다. 문 안으로 들어가니 아까 보았던 호수를 더욱 넓게 관망할 수 있었다. 커다란 호수의 양쪽에는 둑이 있었고, 둑에는 가느다란 나뭇가지를 드리

낸 나무가 있었다. 호수의 정면에는 작은 민가와 산이 보였다. 교토의 카모 강이 생각나는 풍경이었다. 조금 더 걸으니 '국보 마츠모토성'이라고 적힌 하얀 안내판이 있었다. 안내판이 있는 곳에서 오른쪽을 보니 성의 메인 입구가 있었고, 꽤 많은 사람들이 줄을 서서 입장하고 있었다. 경복궁 같은 관광지에 왔다는 감각이 들었다. 줄이 길었음에도 스태프들이 신속하게 입장을 진행해서 거의 줄을 서자마자 안으로 들어갈 수 있었다. 입구로 들어가니 소나무, 호수와 어우러진 마츠모토성의 모습을 한눈에 담을 수 있었다. 마츠모토성은 700엔의 관람료가 있다고 알고 왔는데, 700엔을 내기도 전에 이 모습을 눈에 담을 수 있다는 건 몰랐다. 마츠모토성의 고고하고 번듯한 모습이 성을 받치고 있는 석벽, 청명한 하늘, 아득하고 장엄한 산과 어우러졌다. 마츠모토성이 국보인 이유는 일본에서 가장 오래된 성이기 때문이라고 알고 있었는데, 꼭 그것만이 아니라도 마츠모토성을 보았을 때 느껴지는 조화와 아름다움이 국보로 지정되는 근거가 되었으리라 생각했다. 마츠모토성의 강건하고 변함없는 정취가 푸른 하늘과 물과 어우러져 맑은 느낌을 자아냈다. 이곳이 앞으로도 계속 좋은 곳일 것 같다는 생각이 드는 것은 오랫동안 마츠모토성이 이 자리에서 변함없는 정취를 풍기고 있었다는 사실과 끝없이 파랄 것만 같은 깊은 하늘, 그리고 멀리서 한결같이 그 자리를 지키고 있는 산 때문일 것이다. 호수에 다가가니 카메라맨 한 명이 방송용 카메라로 마츠모토성과 호수의 모습을 담고 있었다. 변할 것 없는 호수를 촬영하는 것을 보니 오리를 찍고 있을 수도 있겠다는 생각이 들었다.

마츠모토성을 조망할 수 있는 구역에서 조금 더 안쪽으로 들어가니 매표소가 있었다. 그곳에서 내부 관람용 입장권을 구매했다. 입장권을 받고 안내된 방향을 따라 걸었는데, 흙길에 눈이 녹아 질척질척한 상태라 조심스럽게 발걸음을 옮겼다. 입장하니 곧 가까이서 마츠모토성을 볼 수 있었다. 멀리서 봤을 때는 몰랐는데 마츠모토성의 기와에는 하얀 눈이 소복이 쌓여 있었다. 검은 기와에 부드러운 하얀 눈이 쌓여 있는 모습이 순박하고 온화했다.

길에 천수(天守)라고 적힌 안내판이 있었기에 마츠모토성 건물을 천수라고 부르는 건가 싶었다. 나중에 알아보니 천수 또는 천수각(天守閣)은 일본의 전통적인 성 건축물에서 가장 크고 높은 누각을 일컫는다고 한다. 안내판 방향대로 따라가니 점점 마츠모토성에 가까워졌는데, 성 앞에 사람들이 안내에 따라 줄을 서 있는 모습을 보고서야 성 내부에 들어갈 수 있다는 것을 알았다. 경복궁을 보러 갔을 때도, 교토 어소에 갔을 때도 건물 내부에 직접 들어갈 수는 없었기 때문에 성 안에 들어가서 구경한다는 건 생각도 못 했다. 매일 수많은 관람객이 입장해도 국보가 잘 유지되도록 하려면 상당한 공이 들어갈 텐데, 이렇게 일반 개방을 하는 건 대단하다는 생각이 들었다. 천수에 들어가려면 신발을 벗어야 했다. 벗은 신발을 비닐로 감싸고는 한 발 한 발 내디뎌 안쪽으로 갔다. 바닥은 모두 나무로 되어 있어 절 바닥을 밟는 듯한 느낌이 들었다. 천수 안쪽의 통로는 대체로 좁았고, 층은 5층까지 있었다. 내부에는 옛날의 군사용 무기나 기록들이 박물관처럼 전시되어 있었다. 3층부터는 계단이 좁고 가파르게 되어 있어서 안내원의 지시에 따라 조심히 올라가야 했다. 좌측으로 통행해 달라는 안내를 들으며 내려오는 사람들을 살펴보았는데, 아이들이 계단 난간을 잡고 내려오는 모습을 보고 넘어지지 않을까 걱정이 되었다. 아이들의 부모님은 "천천히 내려와도 돼."라고 하며 아이들을 기다렸고, 다행히 아이들은 스스로 무사히 계단을 내려왔다. 그래도 아이들이나 보행이 불편한 사람들은 이 계단을 오르내리기가 꽤 어려울 것 같았다. 나도 한 걸음씩 계단을 올라갔는데, 집중해서 걷지 않으면 잘못 디딜 것 같았고 나중에 내려올 때는 더 조심해야겠다고 생각했다. 천수의 4, 5층에서 바깥 경치를 내다보니 탁 트인 마츠모토시의 모습을 볼 수 있었다. 아까 보았던 호수가 시야 아래 넓게 펼쳐져 있었고, 햇살을 받아 반짝이는 눈 덮인 운동장과 선명한 산의 모습이 눈에 담겼다. 천수에서 마츠모토의 모습을 눈에 담고, 올라왔던 계단으로 다시 한 층씩 내려갔다. 내려갈 때도 난간을 잘 잡고 한 걸음씩 조심히 내려갔다. 다 내려가니 계단을 무사히 내려온 것만으로도 어딘지 뿌듯하고 안심되었다.

천수를 나가는 문에서 다시 신발을 신고, 성 밖으로 연결되는 길을 따라 걸었다. 바깥으로 통하는 길에 일본 각지에 있는 성들의 사진과 이름이 걸려 있는 벽이 있었다. 가볍게 훑어보았는데 내가 알고 있던 건 오사카성과 나고야성 정도였고 우에다성(上田城), 히메지성(姫路城), 카라츠성(唐津城) 등 이름도 몰랐던 성들이 더 많았다. 지역마다 이렇게 성이 있으면 일본의 어디에 가도 성을 볼 수 있겠다고 생각했다. 옆에 있던 아저씨가 "히메지성이 이렇게 멋진 성이었던가?"라고 했는데, 과연 히메지성의 사진은 잠깐만 보았는데도 분위기가 남달라 기억에 남았다. 히메(姫, 공주)라는 글자가 주는 어감 때문인지 히메지성 사진에만 벚꽃이 있어서 그런지 화려한 느낌이었고 조금 서구적인 분위기도 있었다.

천수에서 나오니 길은 다시 처음 들어왔을 때의 위치로 이어졌다. 그곳에서 다시 천수의 모습을 눈에 담고, 바로 앞에 있던 기념품 가게로 향했다. 기념품을 살 생각은 딱히 없었지만 시간도 조금 있으니 둘러보기로 했다. 들어가니 우선 과자나 녹차, 부채 같은 일반적인 기념품들이 보였다. 왼쪽으로 몸을 돌리니 작은 냉장고에 요구르트와 우유가 진열되어 있었다. 반가운 마음으로 마시는 요구르트를 하나 골랐다. 그 옆에는 엽서나 키링 같은 마츠모토성 굿즈가 있었고, 악기 모형 키링도 있어 의외였고 반가웠다. 클라리넷 키링이 가장 먼저 보여서 관악기 시리즈인가 했지만, 바이올린이나 첼로는 있어도 트럼펫은 없었다. 설명을 읽어보니 나무로 만든 악기 시리즈라고 적혀 있었다. 요구르트를 계산한 후에는 마츠모토성을 배경으로 요구르트 사진을 찍었다. 요구르트 포장지에 적힌 '安雲野'를 읽는 방법을 몰라 이제 찾아보았는데 '아즈미노'라고 한다. 아즈미노를 검색하니 푸른 나무와 물, 물레방아가 어우러진 굉장히 아름다운 사진이 나왔다. 알아보니 아즈미노시는 마츠모토시의 북쪽에 있는 가까운 도시였다. 이번 여행을 위해 조사하면서 나가노에 아름다운 곳이 많다는 것을 알게 되었는데, 스위스를 연상시키는 북알프스 산맥의 카미코치(上高地)나 해발 1,200m에 초원이 펼쳐진 토가쿠시 목장(戸隠牧場) 등 동계 휴무로 가지 못한 곳도 있어 겨울이 아닌 계절에 다시 나가노에 방문하리라 생각하고 있었다. 실제로 나가노에 온 첫날부터 미래에 이곳에 다시 오겠다고 생각하고 있었는데, 아즈미노라는 아름다운 도시를 새롭게 알게 되어 무척 신난다. 다음 여행 때는 나라이주쿠, 마츠모토시, 카루이자와 등 이번 여행에서 방문했던 곳 중 좋았던 곳뿐만 아니라 아즈미노에도 꼭 가 볼 것이다.

관람로 출구로 나와 마츠모토성을 처음 눈에 담았던 곳으로 되돌아왔다. 시간은 1시 30분경이었으니 5시에 나가노시에서 있을 뮤지컬 공연까지는 예상보다도 시간 여유가 있었다. 잠시 호

수 앞 벤치에 앉아 마츠모토성의 모습을 더 감상하기로 했다. 푸른 하늘과 어우러진 마츠모토성은 역시 좋았다. 아침에 나라이주쿠에 다녀왔으니 마츠모토성까지 구경하면 요하시라 신사(四柱神社)와 나와테도리(縄手通り)를 볼 시간은 없을 줄 알았는데, 간단히 둘러볼 시간은 있을 것 같았다. 요하시라 신사는 마츠모토성 근처에 있는 신사이고, 나와테도리는 그 앞의 상점가이다. 마츠모토성에서 신사까지는 걸어서 5분 정도밖에 걸리지 않는다고 하니 바로 가 보기로 했다. 앉아 있던 벤치에서 일어나 마츠모토 성의 대문 쪽으로 향하는데, 아침에 나라이주쿠에서 화장실을 쓸 수 있다고 알려 준 여성을 본 것 같았다. 인상착의가 정확히 기억나는 것은 아니어서 확신은 없었지만 '그 사람인가?' 싶은 마음이 들었다. 저 사람도 나처럼 혼자 나라이주쿠에 갔다가 마츠모토성에 온 건가 생각하니 동질감이 들었다. 그 사람도 나를 본 것 같았는데 실제로 그 사람이 맞는지는 모르겠다. 그래도 어쩐지 기분은 좋았다.

실제로 요하시라 신사까지 걸어 보니 시간은 8분 정도 걸렸다. 신사 앞은 길이 완전히 얼어 있어서 미끄러지지 않게 조심하며 안쪽으로 들어갔다. 거리의 작은 신사일 거라는 생각과는 달리 신사는 꽤 컸고 사람들이 길게 줄을 서 있었다. 긴 줄에 서고 싶지는 않아서 바로 옆에 있는 에비스 신사(恵比寿神社)에 가 보기로 했다. 에비스 신사는 요하시라 신사에 비해 자그마한 규모였지만 그 소박함이 오히려 좋았다. 내부에는 작은 나무 단이 있었고 그 위에는 북이 하나 놓여 있었다. 나무 느낌이 물씬 풍기는 좋은 느낌의 신사라고 생각했는데, 에비스 신사에는 참배하는 사람이 한 명도 없었다. 사람들이 참배하고 싶어 하는 신사와 그렇지 않은 신사의 차이는 무엇일까 생각했다.

다시 거리 쪽으로 나오니 시계탑이 있었고, 그 앞에는 나와테도리 상점가의 입구를 알리는 개구리 그림이 있었다. 이 거리는 개구리 거리라고도 불리는데, 나와테도리를 흐르는 메토바 강(女鳥羽川)이 옛날처럼 청개구리가 살 수 있는 깨끗한 강이 되기를 바라며 개구리를 이곳의 상징으로 삼았다고 한다. 확실히 개구리라는 상징이 있으니 거리가 더 활기 있는 이미지로 다가오는 것 같았다. 거리 입구에서 두 사람이 길거리 음식을 먹고 있는 모습을 보니 거리에 무슨 음식을 파는지 궁금해졌다. 타코야키라면 조금 먹고 싶었다.

안으로 들어가니 과자, 목공예품, 유리 공예품 가게들이 줄지어 들어서 있었다. 개구리 모양의 아기자기한 유리 공예도 있었다. 유리 공예 특유의 투명한 질감이 개구리 피부 같아서 귀여웠다. 기념품이나 과자 등을 둘러보다가 곧 타이야키(たい焼, 붕어빵)라고 적힌 빨간 세로 현수막이 보였다. 순간 타코야키(たこ焼)라고 읽고 반가웠는데 다시 보니 붕어빵이라 흥이 깨졌다. 붕어빵이 싫은 건 아니지만 근무하는 학원 앞에 붕어빵 노점이 있어 거의 매일 먹고 있었기 때문이다. 거리의 중간쯤을 지나니 왼쪽에는 아까 보았던 요하시라 신사의 모습이 보였고 오른쪽에는 작은 개울과 돌다리가 있었다. 돌다리 앞에는 젊어지는 물(若がえり水)이라고 적힌, 돌로 된 작은 물터가 있었다. 물에는 이끼가 있어서 손을 씻을 수는 없었지만 돌에 눈이 소복이 쌓인 모습이 운치 있었다. 거리를 따라 조금 더 가니 스위트(SWEET)라고 적힌 간판이 걸린 세련된 카페가 보였다. 상점뿐만 아니라 카페도 있으니 다음에 오게 된다면 천천히 상점들을 구경하고 카페에서 쉬어 가도 좋겠다고 생각했다. 슬슬 거리에서 나오려는데, 무사히 돌아가기(無事カエル, 일본어로 '돌아가다'와 '개구리'의 발음이 같음을 이용한 언어유희)라고 적힌 둥근 모양 개구리 스티커가 눈길을 끌었다. 다른 스티커들에도 개구리를 이용한 문구들이 있어서 재미있었다. 일본어를 잘 아는 친구가 있다면 이런 스티커를 사서 선물하는 것도 재미있을 것 같았다.

시간도 그럭저럭 2시를 넘겼으니 거리에서 나와 마츠모토역으로 출발했다. 내가 탈 열차는 2시 30분 출발 나가노행 시노노이선이었다. 역까지의 거리가 그리 멀지 않아 10분 정도 걸으니 금방 도착했다. 마츠모토역에 도착하고는 열차 시간을 다시 확인했다. 역 내의 안내판에는 나가노행 열차가 3시에 들어온다고 되어 있었는데, 검색해서 다시 확인해 보니 내가 조사한 대로 2시 30분 출발 열차도 있어서 예정대로 그때 타기로 했다. 마츠모토역 내부에도 식당이 많아 보였는데 다음에 마츠모토에 오게 되면 역에서 식사해 보자는 생각이 들었다. 열차 플랫폼에는 2시 25분에 도착했다. 열차가 들어올 때까지의 시간 동안 마츠모토 성에서 산 요구르트를 마셨다. 생각하던 그대로의 깔끔하고 맛있는 요구르트였다. 농도도 적당해서 마시기 좋았다. 기분 좋게 요구르트를 마시고 통을 플랫폼에 있는 쓰레기통에 버린 뒤 나가노행 열차에 올랐다.

열차가 나가노역에 도착한 것은 3시 49분이었다. 뮤지컬 공연이 있을 호쿠토 문화홀은 나가노역에서 도보로 12분이 걸리는 멀지 않은 곳에 있었다. 호쿠토 문화홀까지의 거리는 한적했다. 차도는 넓은데 다니는 차가 많이 없어 탁 트인 느낌이 들었다. 길에는 나처럼 뮤지컬을 보러 가는 것으로 보이는 여성 무리 몇 이외에는 지나다니는 행인도 없었다. 공연 시작 1시간쯤 전에 도착하게 될 것 같아서 주변에 시간을 보낼 만한 카페가 없는지 검색해 보았다. 극장 가까이에 아카리 카페라는 곳이 있어서, 가능하다면 이곳에서 공연 시간까지 기다리자고 생각했다. 공연 시간 1시간 전이니 어쩌면 공연을 기다리는 손님들이 많을지도 모르지만, 그러면 호쿠토 문화홀 내의 카페를 이용하면 된다는 생각으로 일단은 아카리 카페가 있는 길로 가는 횡단보도를 건넜다. 횡단보도를 건넌 뒤 카페까지 가는 길은 나무가 많고 한적한 도시 거리의 느낌이었다. 오사카에 갔을 때 우메다 예술극장까지 걸었던 길과 비슷한 분위기였다. 카페 앞에 도착했는데, 유리창 너머에는 역시나 사람이 많았고 가게 앞에는 만석 안내가 있었다. 실제로는 만석까지는 아니고 빈 테이블도 있었지만 가게 마감이 5시이니 그러려니 하고 호쿠토 문화홀로 향했다. 가는 길에 나가노 도서관이 보였다. 이렇게 가까이에 도서관이 있는 줄 몰랐는데, 도서관이라는 곳을 보는 것만으로도 어쩐지 기분이 조금 좋아졌다. 그때의 시간은 4시 5분으로, 공연 시작까지는 시간이 있으니 도서관을 구경해도 괜찮았겠지만 지금 무언가 먹어 둬야 공연 중 배고프지 않을 것 같았다. 그리고 도서관에 가도 곧 있을 공연 생각에 차분하게 책을 읽을 수는 없을 것 같아 도서관은 뒤로하기로 했다. 호쿠토 문화홀로 들어가는 길에는 키가 크고 잎이 연두색인 나무들이 몇 그루 있었다. 나무는 큰데 잎은 옅은 색이라서 지금이 겨울이라는 사실을 잠시 잊게 해 주는 풍경이었다. 입구에서 홀을 바라보니 오사카의 우메다 예술극장보다는 예술 공연장이라는 느낌이 덜했고, 아무튼 규모가 커서 대학 단위의 행사나 학술 포럼 같은 게 열릴 것 같은 느낌이었다. 극장에 들어가니 곧 있을 「루팡 ~칼리오스트로 백작부인의 비밀~」 공연의 입장은 1층에서 이뤄지고 있었다. 공연 시작까지 꽤 시간이 있는 데도 1층에는 이미 사람이 많았다. 3층으로 올라가 카페에서 시간을 보내려고 했는데, 가 보니 카페 공간이 꽤 넓음에도 빈 테이블이 거의 없을 정도로 사람들이 많았다. 테이블 하나

를 발견해 자리를 잡고는 주문 카운터로 가서 "지금 주문하면 시간이 얼마 정도 걸릴까요?"라고 물어보았다. 점원은 이미 주문이 많아서 어느 정도 걸릴지 잘 모르겠다고 대답했다. 마실 것만 주문하는 것도 어려운지 물었더니 점원은 곤란한 태도로 어려울 것 같다고 답했다. 바쁜 상태라 난처해 보였으니 여기서는 주문하지 않기로 했다. 2층에도 카페가 하나 있으니 2층으로 내려가 보았다. 2층 카페 안에도 사람이 많기는 마찬가지였는데, 카페 앞에 두 팀 정도가 대기 줄을 서 있었다. 이 카페도 5시에 마감이라 입장을 할 수 있을까 싶었는데, 곧 점원이 대기 손님을 부르러 오는 것을 보고 줄을 서 보기로 했다. 줄을 서면서 옆의 간판을 보니 가게 이름은 카페 코스모스(茶房コスモス)였다. 메뉴 모형을 보니 샌드위치나 카레, 파스타 같은 식사 메뉴도 있는 듯했지만 마감 시간 직전에 주문하면 만드는 쪽에서도 정신없을 거고 나도 서둘러 먹어야 할 것 같아서 식사가 아닌 디저트를 주문하기로 했다. 곧 중년 여성인 점원이 입장을 도와주었다. 점원은 나를 소파 자리로 안내하면서 "상황에 따라 합석하셔야 할 수도 있는데 괜찮을까요?"라고 물었고, 나는 "괜찮습니다."라고 대답했다. 마감 전의 바쁜 시간대에 입장해도 서두르는 기색 없이 안내해 줘서 감사했다. 자리에 앉고는 메뉴판을 보며 준비가 오래 걸리지 않으면서도 적당히 포만감이 있는 메뉴를 물색했다. 우선 커피 젤리를 주문하기로 했다. 일본에 오면 편의점에서도 커

피 젤리는 사 먹을 수 있지만 카페에서 나오는 커피 젤리는 어떨지 궁금했다. 다른 메뉴로는 바나나주스를 주문하기로 하고 점원을 불렀다. 주문을 받은 점원은 처음에 안내해 준 점원이 아닌 20대로 보이는 여성 점원이었다. 이 점원도 바쁜 점내에서도 침착하게 주문을 받아 주었다. 잠시 뒤 처음의 중년 점원이 합석 손님과 함께 다시 내 테이블로 왔다. 합석한 손님은 혼자 온 여성이었고, 테이블에 앉아 있는 나에게 가볍게 눈으로 인사를 한 뒤 자리에 앉았다. 가벼운 인사였지만 먼저 인사를 해 줘서 어쩐지 고마운 기분이 들었다. 그러고 보니 한국의 음식점이나 카페에서는 보통 합석하지 않는 것 같다는 생각이 들었다. 합석이라는 개념이 생소한 것은 아닌데도 돌이켜 보면 합석을 한 건 처음 같다. 곧 커피 젤리가 먼저 나왔다. 유리잔에 깊은 색의 커피 젤리가 담겨 있었고, 크림과 시럽도 함께 나왔다. 우선은 커피 젤리만 한 입 맛본 뒤, 그다음은 크림을 넣어 즐겼다. 크림을 넣어 반쯤 먹고는 시럽을 넣었다. 시럽은 많이 넣지 않으려고 했는데 넣다 보니 달콤한 맛에 끌려서 결국은 많이 넣어 버렸다. 커피 젤리를 먹고 있으니 곧 바나나주스도 나왔다. 위쪽이 넓고 아래쪽은 좁은 역삼각형 모양의 잔에, 바나나와 우유만 넣고 간 듯한 진한 바나나주스가 담겨 있었다. 카페 메뉴라기보다는 집에서 만든 듯한 느낌이 들어 정겨운 데가 있었다. 맛은 상상한 그대로였고, 기분 좋은 포만감이 전해져서 금세 한 잔을 다 마셨다. 바나나주스까지 다 마시고는 더 오래 앉아 있지는 않고 계산대로 갔다. 계산은 처음 안내해 준 중년 여성이 해 주었다. 계산을 마치고 "감사합니다."하고 인사했는데, 점원이 "저희야말로 합석을 양해해 주셔서 감사합니다."라고 말했다. 합석을 한 게 가게의 감사를 받을 일이라고는 생각지도 않았고 오히려 바쁜 시간대에 들어와서 미안한 마음이었기에 점원의 몹시 공손한 감사 인사를 받고 놀랐다. 가게에 들어와 자리를 안내받고 주문할 때부터 느꼈지만 이 가게 점원들의 직업의식이 대단하다. 나 같으면 안 그래도 손님이 많은데 마감 1시간 이내에 입장하는 손님까지 있으면 정신없고 성급해져서 친절한 태도가 안 나올 것 같은데, 바쁜 상황에서도 어느 손님에게나 똑같이 친절하게 대응하는 모습이 감탄스러웠다. 가게 점원이라는 건 일을 시작하는 데에 드는 제약이 적고 비교적 쉬운 일이라고 생각했는데 그런 생각도 접게 되는 굉장한 프로 의식과 서비스 정신이었다.

카페에서 나와서 같은 층에 있는 화장실로 향했다. 2층인데도 줄을 서 있는 사람들이 있었다. 줄을 서서 잠시 기다리던 중, 화장실에서 나오는 사람이 다음 사람에게 "한 칸 비었어요."라고 말하는 것을 보았다. 그 뒤에도 사람들이 나오면서 칸이 비었다고 안내하고 가는 모습에 조금 놀랐다. 생각해 보면 충분히 베풀 수 있는 친절이고 쉽게 질서를 만들 방법인데도 이런 모습을 본 적은 좀처럼 없다. 화장실에서 앞 사람이 나오면 문을 열어 들어가 보고, 칸이 안 비어 있으면 그냥 조금 더 기다렸다가 들어가는 게 나에게는 익숙한 방식이다. 자신이 다 이용했다고 끝이 아니라 뒷사람에게 칸이 비었다고 안내해 주는 것은 작은 친절이지만, 사회 전체적으로 보면 질서 의식이라는 거대하고 강력한 양분을 키우는 행동이라는 생각이 들었다. 아침에 나라이주쿠에서도 느꼈지만, 적극적으로 친절을 베푸는 문화가 선진 의식의 기초가 되는 거라고 깊게 느꼈다.

화장실에서 양치까지 마치고 1층으로 내려가 자판기에서 생수 한 병을 샀다. 1층 입구로 들어가니 바닥에 레드 카펫이 넓게 깔려 있어 고급스러운 느낌이 들었다. 스태프에게 티켓을 확인받고 내부를 둘러보니, 오늘의 캐스트 안내판을 사진으로 남기려는 사람들이 줄을 이루고 있었고 굿즈 판매대의 줄도 상당히 길었다. 나는 곧바로 공연장에 입장했다. 홀에 들어서니 곧 트럼펫 워밍업 소리가 기분 좋게 들려왔다. 일부러 음량을 크게 내려고 했는지는 모르겠지만 다른 어떤 악기보다도 명료하게 울리고 있었다. 한 음을 들어도 음의 밀도와 완성도가 느껴지는 좋은 소리였다. 그것도 단순한 튜닝이나 소리내기가 아니라 꽤 복잡한 운지를 쓰는 멜로디를 내고 있었다. 뮤지컬 시작 전인데도 벌써 훌륭한 연주를 들을 수 있어서 행운이었다. 내 좌석은 3층에 있는 B석이었다. 예약할 때는 B석이라도 무대는 보이고 음악도 제대로 들리니 부족함은 없을 거라고 생각했는데 실제로 앉아 보니 우메다 예술극장의 S석에 앉았을 때에 비해 무대와의 거리가 훨씬 멀어 현장감이 떨어지기는 했다. 당시 「팬텀」을 얼마나 좋은 자리에서 감상했는지를 느끼면서, 그때의 완벽한 경험에 다시 한번 감사하게 되었다. 무대와의 일체감은 1층보다 떨어지지만, 무대를 한눈에 담을 수 있다는 것은 2, 3층 좌석만의 장점이다. 실제로도 자리에 앉으니 무대 전체는 물론 무대 앞의 오케스트라까지 한눈에 보였다. 우메다 예술극장과 달리 오케스트라는 무대 앞 지하처럼 된 공간에 있었지만, 관객에게 보이는 면적이 넓어서 오케스트라의 존재감을 잘 느낄 수 있었다. 금관 파트는 안쪽에 있어 보이지 않았지만 지휘자와 가까운 현악기와 목관 파트는 보였다. 관객석 기준 오른쪽 뒤편에 있는 일렉 기타와 일렉 베이스 주자의 모습도 볼 수 있었다. 오케스트라에 일렉 기타와 베이스가 편성되어 있는 게 독특하다고 생각했고, 연주자의 손 모양까지 확실히 볼 수 있어서 보는 재미가 있었다.

이윽고 뮤지컬 「루팡 ~칼리오스트로 백작부인의 비밀~」의 막이 올랐다. 극은 마아야 씨의 단독 넘버로 시작되었다. 「팬텀」의 시작 넘버인 '파리의 멜로디'와는 다른, 무게감이 있는 노래였다. 곡조에 맞춰 발성도 힘 있는 발성을 쓰고 있다는 게 느껴졌다. 차분하고도 성스러운 곡조에 맞춰 정교한 노랫소리가 흘러나왔다. 지금 일본 나가노 호쿠토 문화홀에 와서 그녀의 노래를 듣고 있다는 것이 얼떨떨하고도 행복했다.

극의 내용은 「팬텀」보다는 이해하기 어려웠다. 극초반에는 알아듣지 못한 대사가 몇 있어서, 「팬텀」은 비교적 쉬운 어휘로 짜여 있었다는 걸 깨달았다. 그리고 거리가 멀어서 남자 역들이 구분이 안 됐다. 루팡, 명탐정 홈즈, 보마농이 도저히 구분이 안 돼서 도중부터는 내용도 머리에 제대로 들어오지 않았다. 물론 무대가 멀어서도 있지만, 가까이에서 봤어도 아마 구분을 잘 못 했을 것 같다. 인물마다 고정된 의상이 있는 것도 아니었고 세 명의 목소리도 내게는 비슷하게 들렸다. 초반에 칼리오스트로 백작 부인이 남장한 모습을 보고도 남자치고 목소리가 중성적이다 싶었는데, 정체가 여자라고 밝혀지고는 놀라면서도 목소리가 유독 중성적이었던 이유를 납득했다. 그나저나 나는 마아야 씨 이외에는 배우나 극 내용에 대한 정보가 전혀 없는 상태로 보러 가서 남장한 백작 부인을 보고도 여자 배우인지 전혀 몰랐는데, 이 공연을 보러 온 관객들은 거의 모두가 그 역이 여자라는 것을 알고 있었을 거라고 생각한다. 나중에 알게 된 건데 칼리오스트로 백작 부인 역은 마카제 스즈호(真風涼帆) 씨로, 다카라즈카 톱 남역이었다고 한다. 다카라즈카는 여성으로만 구성된 일본의 전통 있는 가극단으로, 남자 배역도 여성 배우가 연기한다. 남자 배역을 연기하는 배우는 남역, 여자 배역을 연기하는 배우는 여역이라고 부르는데, 마아야 키호 씨도 다카라즈카의 톱 여역으로 활약하다가 퇴단하여 외부 무대 활동을 펼치고 있는 거라고 한다.

다카라즈카의 톱 남역은 톱 여역보다도 훨씬 팬층이 두껍다고 하니, 그 공연을 보러 가는 사람들의 상당수는 그 칼리오스트로 백작 부인 역의 배우를 보러 갔을 거라고 추측된다. 실제로 인터미션[2] 때 내 앞자리에 앉은 초등학생 여자아이가 핸드폰 배경 화면을 마카제 씨의 사진으로 설정해 둔 것을 보았다. 나는 다카라즈카에서 여성 팬들이 많은 것은 마아야 씨 같은 여역이 아닌 마카제 씨 같은 남역이라고는 예상치 못했다. 누구라도 나처럼 마아야 씨의 노랫소리에 매료될 것으로 생각했는데, 실제로 그 공연장을 찾은 사람들은 대부분 주연 남자 배우 또는 마카제 씨를 보러 간 것이라는 사실이 어딘가 이질적으로 느껴졌다. 아무튼 극 중에서 칼리오스트로 백작 부인과 세 명의 남자 캐릭터는 별로 매력 있게 다가오지 않았다. 사실 마아야 씨가 연기한 클라리스도 캐릭터적으로는 그렇게 매력적이지 않았다. 관객들에게 임팩트를 남길 만한 장면은 루팡과 칼리오스트로 백작에게 집중되어 있고 클라리스는 '루팡과 서로 사랑하게 된다'라는 것 이외의 캐릭터성이 없었다. 남장여자라는 새로운 요소에 신비로움을 가미한 인물인 칼리오스트로 백작 부인과는 달리, 클라리스는 기존 뮤지컬의 고전적인 여자 주인공 역할을 답습했을 뿐이라 관객들에게 매력적으로 다가올 만한 인물이 아니었다. 뮤지컬은 지금으로부터 몇십 년 전에 쓰인 대본을 바탕으로 제작되고 상

2 연극이나 뮤지컬, 오페라 등의 중간 휴식 시간.

연되는 것이 많으니 캐릭터성이 고전적인 것은 어쩌면 당연하지만, 이번 루팡은 2023년에 만들어진 최신작인데도 이렇게까지 틀에 박힌 여자 주인공을 보여 주는 것이 의아했다. 클라리스는 뮤지컬 캐스트에 루팡에 이어 두 번째로 이름이 오른 주연이지만 전혀 주연 같지 않았고 넘버도 적었다. 뮤지컬 팬텀에서는 크리스틴이 주연인 에릭만큼이나 극 중 비중이나 관객에 대한 영향력이 컸고 넘버도 많았기 때문에, 이번 루팡에서는 클라리스에게 다양한 분위기의 넘버가 없는 것이 아쉬웠다. 크리스틴은 파리의 멜로디나 비스트로 같은 경쾌하고 화려한 음악, You are music과 Home, My true love 같이 행복을 담아 부르는 서정적인 음악 등 다양한 음악을 보여 줘서 좋았는데, 클라리스는 가장 초반의 '소원이 이뤄지는 날(願いが叶う日)' 그리고 침대에서 일어나면서 부르는 노래가 전부였던 것 같다. 침대에서 부르는 노래는 괜찮았다. 곡조가 발랄하고 신선해서 마아야 씨의 노랫소리에 잘 어울리는 넘버였다. 또 남자 배역 중 이지도르 역의 배우는 꽤 괜찮았다. 루팡의 팬이라서 루팡의 사건을 독자적으로 조사하는 고등학생 역할이었는데, 등장 장면에서 부른 밝고 유쾌한 느낌의 넘버가 좋았다. 이지도르의 등장 넘버에서 사람들이 일제히 박자에 맞춰 박수를 쳤는데, 이 뮤지컬의 투어도 나가노가 마지막이니 관객들 대부분이 이전 공연을 보고 온 건가 싶었다. 이지도르 역의 배우는 실제로도 고등학생 정도로 보였는데 경쾌하

면서도 통찰력 있는 소년 탐정 역할을 잘 소화해 내서, 어린 나이에 실력을 갖추고 큰 무대에서 활약하는 것이 대단했다. 인터미션 때 조사해 보니 배우의 이름은 카토 세이시로(加藤清史郎)로, 나와 같은 2001년생이었다. SNS를 보니 뮤지컬 말고도 방송이나 광고 활동도 하는 모양이었다. 교실을 배경으로 찍은 TV 광고 영상 하나를 보았는데, 목소리가 꽤 특이했다. 생각해 보니 무대 위에서도 목소리는 개성적이었는데 그것이 루팡을 좋아하는 소년 탐정이라는 역할에 잘 어울렸던 것 같다.

인터미션 때에는 1층으로 내려갔다. 빨간 카펫이 깔린 1층으로 걸음을 옮기니 뮤지컬의 세계에서 나오기는 했지만 일상의 세계로 돌아온 것 같지는 않은 특이한 감각이 들었다. 1층 화장실의 줄은 꽤 길었다. 공연 안내 포스터가 붙은 벽을 따라 줄을 섰다. 포스터를 보니 강연회나 음악회, 연극 등 다양한 공연이 있었고, 특히 유포니움[3] 독주회도 있어서 왠지 반가웠다. 일본은 악기 연주 문화가 확실히 발달했다고 느꼈다. 포스터를 살펴보고 이지도르 역의 배우도 검색하며 기다렸더니 줄은 금방 줄어들어 화장실 입구 앞까지 왔다. 이번에도 화장실에서 나오는 사람이 안에 몇 칸 남았는지 알려주고 있었다. 나도 화장실에서 나오면서 "세 칸 비었어요."라고 말해 보았다. 다시 공연장으로 올라가 객석에 앉았다. 공연장 내부가 생각보다 따뜻해서 공연이

---

3 금관악기의 일종. 저음역대의 부드럽고 원만한 음색이 특징이다.

재개되기 전 외투를 벗어 둘까 했다. 검은 윈드스토퍼를 벗어 좌석 아래에 두니 발을 놓을 공간이 없어 영 불편했다. 어디에 놓을까 생각하고 있던 참에, 옆에 앉아 있던 여성 관객이 "뒤에 사람이 없으니 걸쳐도 괜찮아요."라고 말을 걸어 주었다. 바로 "감사합니다."라고 인사를 하고 좌석 등받이에 옷을 걸쳤다. 스스럼없이 말을 건네 도와주려고 해 줘서 고마운 마음이 들었다.

공연이 끝나고는 공연장에서 나왔다. 내 좌석은 문과 가까웠기 때문에 금방 나갈 수 있었지만, 나오고 나서 그 앞에 있던 소파에 앉아 잠시 메모하는 시간을 가졌다. 뮤지컬 내용이나 감상에 대해서가 아니라, 뮤지컬을 보면서도 잊어버리지 않도록 계속 상기하고 있었던 오늘의 경험들에 관해서 썼다. 아침에 나라이주쿠의 화장실에서 "이거, 들어갈 수 있어요."라고 말을 건네준 사람, 바쁜데도 매우 친절하게 대응해 주었던 2층 카페 점원, 극장 화장실 줄에서 뒷사람에게 비었다고 안내해 준 사람들에 대해 기록했다. 메모하고 나니 앞으로 그 사람들의 친절을 잊어버리지 않을 거라는 마음에 안심이 되었다. 뮤지컬 내용에 대해서는 특별히 적을 말이 떠오르지 않다가, 문득 머릿속에 떠오른 '노래'라는 한 마디를 메모장에 썼다. 아름다운 소리를 만들어 낸다는 것은 무척 값진 일이다. 악기를 연주하는 것은 아름다운 음악을 만들어 내는 훌륭한 방법이지만 노래는 오로지 자신이 가진 몸을 이용해야만 한다는 점에서 악기 연주와는 다르다. 누군가의 목소리는 오직 그 사람만의 것, 그 무엇도 대체할 수가 없다. 무척이나 훌륭한 노랫소리를 두 귀로 들으면서 그 아름다움을 만들어 내는 능력에 감탄했고, 나에게도 '노래'가 있으면 좋겠다고 생각했다.

내가 소파에 앉아 메모하는 사이에 관객들은 모두 퇴장하고 내가 있는 층에는 나와 스태프들만 남은 것 같았다. 내가 얼른 나가 줘야 스태프들도 정리를 할 테니 메모를 끝내고는 바로 계단으로 향했다. 1층에 내려와 보니 아직 사람들이 있긴 했지만, 살 만한 사람들은 이미 다 샀는지 굿즈 줄은 이제 없었다. 프로그램집을 사서 넘버와 인터뷰를 확인해 볼까 하는 마음으로 굿즈 판매대 앞에 섰는데, 책 한 권이면 꽤 무거운 짐이 될 것 같아서 사지 않기로 했다. 지난여름에 샀던 팬텀의 프로그램집이 여행용 캐리어에 담기에도 다소 부피가 컸던 것을 생각하면 배낭 여행을 하는 지금 저런 무거운 책을 살 수는 없었다. 빨간 카펫이 깔린 홀에서 나와 시간을 보니 8시 30분 정도였는데, 그제야 저녁을 어디서 먹을지 생각하기 시작했다. 우선은 나가노역 쪽으로 가 보기로 했다. 나가노역 근처라면 식당은 많을 거고, 여차하면 역내 미도리에서 한 끼 해결하면 되니 걱정은 없었다. 호쿠토 문화홀 밖으로 나설 때 가까이 있던 사람들이 "박수가 엄청 딱딱 맞았지."라고 말하는 걸 듣고, 이지도르 등장 장면에서 그 단체 박수에 놀란 사람은 나만이 아니라는 걸 알게 되었다.

호쿠토 문화홀에서 나가노역까지의 길은 뮤지컬 루팡을 보고 나오는 사람들의 행렬이었다. 주위를 둘러싼 사람들은 각자 일행끼리 뮤지컬의 감상을 나누면서 역까지 향하고 있었다. 뒤에 있던 사람 중 한 명이 "공연을 볼 때마다 천사의 목소리에 치유되는 기분이야."라고 했다. 마아야 씨의 아름다운 노래를 칭찬하는 말을 들으니 나까지 기분이 좋았다. 극장 내에서는 몰랐는데 역까지 가는 길에서 뮤지컬 팬 중에는 중년 여성이 꽤 많다는 걸 알았다. 2, 30대보다도 중년층의 관객이 더 많은 이유가 궁금해졌다. 아름다운 음악과 이야기는 젊은 층에게도 매력적으로 다가온다고 생각하는데 말이다. 아무튼 사람들 사이에서 10분쯤 걸으니 나가노역이 보이기 시작했다. 역이 보이기 시작한 지점의 왼쪽에는 빈 주차장이 있었다. 빨리 가려면 보도에서 이탈해 주차장을 가로질러 가야겠다는 계산이 섰는데 아무도 주차장을 가로지르지 않고 보도로만 가고 있었다. 마음대로 하는 추측이지만, 한국에서라면 나처럼 생각하고 주차장을 건너간 사람이 많았을 거라고 생각한다. 어쩌면 주차장이 보이기 시작한 시점부터 모두가 왼쪽으로 빠져 주차장을 건너가는 게 원래 길인 것처럼 자연스럽게 갔을지도 모른다. 아무도 보도를 이탈하지 않았다는 것은 급한 상황이 아니라면 굳이 서두르지 않는 문화가 깔려 있다는 의미일 것이다. 작은 일이라도 가능한 효율적으로 해결하려는 것이 나쁘다고 생각하지는 않지만, 효율성과 속도에 대한 집착을 조금 내려놓으면 질서와 여유가 생긴다고 새롭게 느꼈다. 시간에 쫓기지 않는 삶을 기본적인 삶의 방식으로 여기는 문화는 배울 만하다고 생각했다.

이윽고 나가노역에 도착했다. 시간이 늦어 배도 고팠고 거리의 식당을 조사하기도 조금 귀찮아서 미도리 내의 식당에서 저녁을 먹을까 했다. 그런데 나가노에 온 첫날과 달리 사람이 많아서 어느 식당에나 대기 줄이 있었다. 한 번 가 볼까 생각했었던 오므라이스 가게에도 몇 팀이나 대기가 있었고, 소바 가게는 특히 사람이 많았다. 줄을 서고 싶지는 않아서 역 밖에서 식사하기로 했다. 역 앞 거리로 나와 식당을 둘러보니 한 라멘집 앞에 대기하는 사람들의 줄이 길게 늘어서 있었다. 가게 자체는 작아 보였는데 유명한 가게였나 보다. 그 앞으로 조금 가니 일본 선술집 느낌이 물씬 풍기는 조그만 라멘 가게가 보였다. 라멘(ラーメン)이라고 적힌 빨간 등롱과 영업중(営業中) 팻말이 눈에 띄는, 오래된 분위기를 물씬 풍기는 가게였다. 이런 곳에서 라멘을 한 그릇 먹는 것도 재미있을 것 같아서 들어가기로 했다. 문을 열었더니 한창 조리 중인 장소 특유의 후덥지근한 공기가 느껴졌다. 라멘을 만들고 있는 직원의 "어서 오세요."라는 인사를 받으며, 문 바로 맞은편에 있는 카운터석에 자리를 잡았다. 그리고 메뉴판을 살펴보고 '신슈 미소 라멘'을 주문했다. 1일 한정 20그릇이라고 적혀 있었으니 먹을 수 있을까 했는데 다행히 주문이 들어갔다.

주문하고 나서 메뉴판을 다시 보니 '차슈[4] 신슈 미소 라멘'이라는 메뉴가 있었다. 나는 기본 라멘에 차슈가 들어가는 줄 알았는데, 차슈를 올린 메뉴는 따로 있었다. 그래도 미소 라멘을 먹을 수 있는 것만으로도 행복하고 조리도 이미 시작된 것 같아 주문을 바꾸지 않기로 했다. 라멘은 금방 나왔고, 처음 보았을 때는 국물이 많아 재료가 잘 보이지 않았다. 젓가락으로 재료들을 살펴보니 차슈 한 장과 가늘게 썬 파, 우엉이 있었고, 면은 적당히 가늘었다. 따끈한 된장 국물과 함께 면을 먹으니 뱃속이 따뜻하게 채워져 갔다. 라멘을 먹는 중 점내 스피커에서 사카키바라 이쿠에(榊原郁恵)의 여름 아가씨(夏のお嬢さん)가 흘러나왔다. 평소에 좋아해서 자주 듣는 노래인데, 일본 한복판에서 내가 생활 속에서 즐겨 들었던 노래를, 그것도 1978년에 발매된 노래를 만나게 되니 놀라우면서도 기분이 좋았다. 어제는 나가노역 앞 신호등에서 고향의 하늘을 들었고 오늘은 라멘 가게에서 여름 아가씨가 들려온다. 나가노역에서는 좋아하는 음악과의 반가운 만남이 많다고 생각했다.

라멘을 다 먹는 데에는 20분도 걸리지 않았다. 계산을 마치고 나와서 가게 이름을 확인했다. 가게 이름은 멘야 부손(麺屋蕪村)이었다. 저녁 식사도 했으니 어제도 갔던 훼미리마트 나가노역점으로 향해 간식을 사기로 했다. 먼저 우유부터 고르고 요구르

4 돼지고기에 양념을 하여 구운 것. 라멘의 고명으로 주로 쓰인다.

드는 없나 살펴보았는데, 전날 샀던 요구르트는 다 팔리고 없었다. 일단은 우유만 사고, 료칸까지 가는 길에 다른 편의점에도 들러 보기로 했다. 료칸에 가면서 두 곳의 편의점을 더 들렀다. 먼저 들른 곳은 세븐일레븐이었다. 주차장이 꽤 넓었는데, 여기에서는 화이트초콜릿과 안닌두부를 구매했다. 두 가지 간식을 사고 나왔는데, 봉투와 숟가락이 필요하냐는 질문에 무슨 정신인지 괜찮다고 답했다는 걸 그제야 알게 됐다. 봉투가 없어서 갈 곳이 없어진 간식들을 대강 주머니에 찔러 넣고 료칸에 도착하기 전 편의점에 한 번 더 들러 봉투와 숟가락을 받기로 했다. 다음으로 들른 곳은 훼미리마트 나가노 오오도리점으로, 여기도 마찬가지로 주차장이 넓어 시원시원한 느낌을 주는 편의점이었다. 여기에서는 신슈 대학에서 나온 신슈산 버섯 요구르트(信州発えのきヨーグルト)와 야쿠르트(Yakult)의 소후루(ソフール)라는 요구르트를 샀다. 이번에는 잊지 않고 봉투와 숟가락을 받았다. 훼미리마트에서 료칸까지의 골목은 어두컴컴해서 최대한 빠른 걸음으로 걸어갔다. 료칸에는 9시 50분경에 도착했다. 카운터에 있는 205호 키를 집어 들고 방으로 들어갔는데, 방이 깔끔하게 정리되어 있었다. 이불은 반듯하게 깔려 있고, 수건은 나무로 된 건조대에 걸려 있었다. 유카타도 새로 준비되어 있었고 개인 물품들은 방 한쪽에 간단히 정리되어 있었다. 아침에 갑작스레 나라이주쿠행을 결정하고 열차를 타러 나가느라 정돈도 거의 못

하고 나간 데다 2박 중간에 정리는 안 해 줄 거라고 생각했던 터라, 가지런히 정리된 방 모습을 보고 죄송하면서도 감사한 마음이 들었다. 외투를 벗고 간식들과 가방을 내려놓고는 바로 목욕을 하러 가기로 했다. 새롭게 준비된 유카타를 들고 1층의 목욕탕으로 향했는데 오늘도 사람이 없어 전세 낸 것처럼 목욕을 즐길 수 있었다. 세면대에서 양치와 세수를 하고 샤워를 하러 들어갔다. 욕탕을 보니 어제와 달리 물이 보글보글 나오는 기능은 작동하고 있지 않았다. 그래도 욕조의 초록 바닥이 비치는 뜨끈한 목욕물은 보기만 해도 기분 좋았다. 샤워기는 어제와 같이 수압이 엄청나서 샤워할 맛이 났다. 수압이 몹시 강해서 빠르게 씻으려 하지 않아도 자연히 샴푸와 바디 워시가 재빠르게 헹궈졌다. 탕에 몸을 담그니, 어제도 느꼈던 모든 피로가 한 번에 풀어지는 감각이 전신을 감쌌다. 두 번째로 들어와 보는 탕인데도 '역시 이거지!' 싶었다. 이 탕에 몸을 담그는 건 오늘까지라고 생각하면서도, 두 번이나 이 탕을 이용할 수 있어서 이미 만족스러웠기 때문에 아쉬움은 없었다. 그리고 이미 그리 머지않은 미래에 다시 나가노에 오겠다고 생각하고 있었고, 나가노에 온다면 다시 이 료칸에 머무를 거라고도 생각했다. 다시 와서 정취 있는 다다미방에서 시간을 보내고, 이 둘도 없이 훌륭한 목욕탕에서 목욕할 것이다. 다음에 오면 조식도 먹어 봐야겠다.

목욕을 마치고 올라오니 상쾌하기 그지없었다. 집에서 샤워할 때는 느낄 수 없는, 목욕 후의 깊은 상쾌함이 느껴졌다. 유카타 차림으로 방 앞의 나가노 포스터 앞에서 사진을 몇 장 찍었다. 방으로 돌아와서는 짐 정리를 했다. 내일은 짐을 모두 챙겨 카루이자와로 가야 해서 미리 짐 정리를 조금 해 두어야 했다. 아무래도 배낭여행이다 보니 캐리어를 이용했던 지난 여행보다 짐 정리가 간편했다. 짐의 양 자체가 적으니 정리가 부담이 안 되는 점이 좋았다. 짐을 챙길 때 불필요한 옷을 최소화하려고 했는데, 일본 숙소에서는 기본적으로 유카타를 제공해 주니 실내용 반팔 셔츠와 수면 양말은 결국 불필요한 짐이 되었다. 다음에 일본에 올 때에는 수면복은 과감하게 두고 와야겠다. 짐 정리를 마치니 시간은 그럭저럭 11시가 되었다. 간식으로 사 온 안닌두부를 먹어 보았는데 입에 정말 안 맞았다. 두부라길래 담백한 맛을 기대했는데 설탕을 녹여 두부에 침투시킨 듯한 해괴한 맛이었다. 더 안 먹기로 하고 화이트초콜릿을 먹어 보았다. 안닌두부보다는 나았지만 식감도 흐물흐물하고 깊은 초콜릿의 맛이 아니라 가공된 분유 맛이 많이 나서 맛있지는 않았다. 다행히 요구르트는 맛있었다.

오늘 여행을 되돌아보니, 어디에 가고 무엇을 할지에 집중하다 보니 무엇을 먹을지는 신경을 안 썼다는 생각이 들었다. 물론 그 덕에 시간의 압박을 덜 받으며 나라이주쿠와 마츠모토성도 방문하고 뮤지컬도 볼 수 있었으니 아쉬움은 없지만, 내일은 조금 더 내가 먹고 싶은 음식에 집중해도 좋겠다는 생각이 들었다. 실제로 오늘 아침으로 먹은 오코노미야키와 닭튀김, 저녁으로 먹은 라멘 모두 내가 그렇게 좋아하는 음식이 아니지만, 주어진 상황에서 식사를 해결하기 위해 먹은 감이 있다. 내일은 내가 좋아하는 음식인 초밥을 먹기로 하고, 카루이자와와 도쿄역 근처의 초밥집들을 찾아 지도에 저장해 두었다. 그러고는 초밥을 점심에 카루이자와에서 먹을지 저녁에 도쿄에서 먹을지 생각해 보았는데, 도쿄역 근처에 초밥집이 많은 것을 보고 저녁에 먹기로 했다. 카루이자와에는 야키니쿠 집이나 양식점들도 있었는데, 가장 마음이 끌린 것은 두부 요리 전문점이었다. 내일은 두부 본연의 맛을 살린 요리를 먹고 싶다는 마음으로 조사를 마무리했다. 생각을 정리하고는 양치를 하러 갔는데, 모두가 자고 있을 새벽에 공용 화장실에서 양치하는 기분이 왠지는 모르겠지만 좋았다. 자기 전 열차 시간표를 확인하니 카루이자와행 호쿠리쿠 신칸센은 나가노역에서 오전 8시 26분, 8시 58분, 9시 2분, 9시 13분, 9시 26분, 9시 58분에 출발한다고 나와 있었다. 열차가 자주 들어오니 내일 아침에는 여유 있게 일어나도 문제없을 듯했다. 오늘은 새벽 5시 30분에 일어나 바로 장거리 열차 여행을 떠났지만 카루이자와역까지는 열차로 약 30분밖에 걸리지 않으니 내일은 조금 더 가벼운 마음으로 여행할 수 있을 것 같았다. 그러면서도 오늘 하루 피로가 쌓였으니 내일 잘 일어날 수 있을까 싶기도 했다. 상기된 기분이 완전히 가라앉지는 않은 상태에서 잠을 청했다.

겨울 4: 카루이자와 그리고 도쿄

2024. 2.11. (일)

8시에 눈을 떴다. 적당한 시간에 눈을 떴다는 생각이 먼저 들었다가, 어제 5시 30분에 일어난 걸 생각하면 늦게 일어난 것 같다는 생각도 조금 들었다. 그러고는 평소 일어나는 시간보다는 이른 시간이라고 떠올렸다. 이 모든 걸 종합해 보면 역시 적당한 시간에 일어난 것 같았다. 이날은 전날에 비해 잠을 설치지도 않고 잘 잤다. 조금 서둘러서 나가면 이른 시간에 카루이자와에 도착할 수 있겠지만 그렇게 서두르고 싶지는 않았다. 쓰레기도 분리배출하고 잊어버린 짐이 없는지도 꼼꼼히 확인한 뒤 방을 나섰다. 1층으로 내려가니 할아버지가 아닌 아저씨가 카운터에 있었다. 아저씨가 "지금부터 어디에 가십니까?"라고 물어서, "이제 카루이자와에 가요."라고 대답했다. 아저씨는 "카루이자와요? 추울 텐데요."라고 말하고는 "다녀오세요."라고 덧붙였다. 아무래도 오늘이 내 체크아웃 날인 줄 모르는 것 같았는데, 지금이 체크아웃하는 거라고 말하기도 애매해서 "감사합니다."라고 대답하고 나와 버렸다. 나중에 생각하니 애매해도 제대로 말하고 나오는 게 좋았을 것 같다. 그나저나 카루이자와가 추운 지역인 줄은 몰랐다. 아저씨 말대로 많이 추울까 싶다가도 영하 12도였던 나라이주쿠보다야 낫다면 버틸 수 있을 거라 생각하니 걱정이 사라졌다.

우메오카 료칸을 나선 시각은 9시였다. 료칸 앞 거리에는 하얀 눈이 조금 쌓여 있었다. 생각해 보니 료칸 앞 거리를 밝을 때 제대로 본 건 처음이었다. 첫날도 어제도 늦은 시간에 들어와서 거리는 어둡기만 했고, 어제 나라이주쿠로 출발할 때의 시각은 어스름한 새벽이었기 때문에 거리 풍경을 제대로 보고 느낄 수는 없었다. 어딘지 무섭다고 생각했던 거리도 밝은 햇살 아래에서 보니 평화로운 골목다운 정취가 있었다. 료칸 앞길을 지나고 나가노 시청 앞 거리를 걸어서 지하 철도 입구가 몇 개 있는 큰 사거리까지 갔다. 이 사거리도 밤에 지나갈 때는 스산하다고 생각했는데 이제 보니 도시의 평범한 사거리같이 느껴졌다. 사거리에서 역까지는 곧장 가기만 하면 된다. 가는 길에 돌다리, 소나무와 어우러진 작은 개울을 보았다. 크지는 않지만 소박하지만도 않은 근사한 개울이었고, 역과 가까운 도심 속에서 자연과 어우러진 개울을 발견할 수 있어서 좋았다. 역에 다다랐을 때는 9시 22분 정도였다. 9시에 숙소에서 나와 부지런히 걸었는데도 9

시 26분 열차를 타기에 그렇게까지 여유가 있지는 않으니 역에서 도보 20분이란 가까운 거리만은 아니라는 생각도 들었다. 다음에 숙소를 예약할 때는 역에서 더 가까운 곳으로 예약할까 하는 생각도 잠깐 들었지만, 여행 전 숙소를 찾아봤을 때를 생각해 보면 이 숙소를 선택한 데에는 분명히 이유가 있었다. 나가노역 근처의 합리적인 료칸은 이 우메오카 료칸뿐이었던 데다 도보로 갈 수 있는 거리이니 행운이라는 생각으로 바로 예약했었다. 지금 생각해도 거리도 가격도 적절했던 데다가, 료칸만이 주는 즐거움인 운치 있는 다다미방과 유카타, 목욕까지 경험했으니 부족함은 없었다. 이번 여행에서 역과 숙소 사이의 거리감도 조금 몸에 익혔으니, 다음부터는 역에서 숙소까지의 여정도 더욱 즐길 수 있으리라 생각한다.

9시 26분 열차에 무사히 몸을 실었다. 열차는 도쿄에서 나가노로 올 때 탄 것과 같은 호쿠리쿠 신칸센 아사마였고, 마찬가지로 좌석이 비행기처럼 배치되어 있었다. 자유석 칸의 적당한 자리에 앉아서 잠시 숨을 돌렸다. 카루이자와에는 9시 59분 도착 예정이니 열차를 타는 시간은 30분 정도였다. 지금까지 열차를 타면 기본 1시간이 넘는 여행을 해 왔던지라 열차를 30분만 타도 된다는 게 도리어 신기하게 느껴졌다. 30분이라는 시간으로 말미암아 나가노시에서 카루이자와는 꽤 가까운가 싶다가도, 지도상으로는 그리 가까워 보이지 않는다는 걸 떠올리니 고속 열차의 위력을 느낄 수 있었다. 실제로 나가노시에서 카루이자와까지는 73.3km 떨어져 있다. 편리한 고속 열차 노선이 전국적으로 갖춰져 있는 것은 놀라운 인프라라고 생각한다. 고속 열차가 여행뿐만 아니라 인간 생활의 전 측면에 변화를 가져다주고 있다고 생각하니 그 대단함과 영향력을 실감할 수 있었고, 나의 여행 내내 함께해 오기도 한 만큼 고속 열차에 감사한 마음이 들었다.

카루이자와에 도착하면 시라이토 폭포를 구경하고 카루이자와 긴자 거리로 향할 예정이었다. 열차 좌석에 앉은 채로 우유를 꺼냈다. 어젯밤에 산 우유다. 어젯밤에 배가 많이 고프지 않기도 했고, 오늘도 아침을 먹지 않고 움직일 예정이니 열차에서 마실 생각으로 가지고 나왔다. 용량도 450ml로 꽤 많은 데다 차갑지 않은 상태에서 마시면 아침 식사 대용으로도 그럭저럭 괜찮을 것 같았다. 우유는 냉장고에 넣지 않아 온도가 미지근했는데도 느끼하지 않고 맛있었고, 양이 꽤 많아서 마셔도 마셔도 줄어들지 않았다. 다 마시고서 10분 정도 후에 카루이자와에 도착했다.

카루이자와역은 나가노역이나 마츠모토역보다 사람이 적었는데, 그렇다고 한산한 느낌은 아니었고 공간 자체가 좀 친근한 느낌이 들었다. 바닥에 깔린 초록 카펫이 한국에서도 흔한 물건이라 그럴지도 모르겠다. 천장에 난 창을 통해 역 내부로 햇빛이 들어왔고 천장에 둥근 시계가 달려 있어 학교 같은 느낌이 들기도

했다. 역내를 걸으면서 교통 정보 사이트로 버스 정보를 다시 살펴보니 시라이토 폭포까지 가는 버스에 '승차권 O'라는 표시가 있었다. 승차권이라는 말은 들어 본 적이 없는 데다 미리 발권해야 하는 건지도 알 수가 없었다. 인터넷에 일본어로 승차권(乗車券)이라고 검색해 보았는데, 현지인에게는 당연한 개념이라 그런지 승차권이 무엇인지 설명된 페이지는 나오지 않았다. 대신 연관 검색어에 '승차권 받는 걸 잊어버리면'이 있었다. 들어가 보니 질문 사이트에 '승차권 받는 것을 잊어버리고 버스에 탔는데 혼나나요?' 같은 질문이 있었기에, 승차권은 버스를 탈 때 받는 것이라는 추측이 가능했다. 승차권 받기를 '잊어버리는' 것에 대한 질문이 많은 것으로 보아 미리 돈을 지불하고 발권해서 가야 하는 건 아닌 것 같다는 결론을 내렸다. 승차권에 대한 우려를 얼마간 내려놓았으니 코인 로커를 찾기로 했다. 미리 조사한 바에 따르면 카루이자와역 내에는 코인 로커가 있다. 오늘은 그곳에 짐을 맡기고 시라이토 폭포로 출발할 생각이었다. 버스 정류장이 있는 북쪽 문을 바라보니 코인 로커가 있는 방향이 쓰여 있어서 로커는 금방 찾을 수 있었다. 그런데 동전 교환기가 보이지 않아서 하는 수 없이 옆의 기념품 가게에서 싼 물건을 하나 사서 동전을 만들기로 했다. 가게에 들어서니 기념품들이 많아서 여기서 선물이라도 살까 싶었지만 우선은 짐이 될 만한 것은 사지 말고 작은 것만 하나 사기로 했다. 후지 링고(ふじりんご)라는 200엔 정

도의 사과주스를 하나 골라 계산대로 가져갔다. 지역 특산품이니 맛은 보장되어 있을 것 같았고 유리병에 담긴 주스의 빛깔이 보기 좋았다. 주스는 바로 마실까 하다가 아직 식사도 하지 않았으니 가지고 있다가 나중에 마시기로 했다. 그런데 코인 로커의 큰 사물함을 이용하려면 100엔짜리 동전이 5개 필요했는데, 거스름돈을 보니 500엔으로 거슬러 받은 탓에 100엔은 두 개밖에 없었다. 주스는 괜히 샀나, 다른 물건을 더 사서 동전을 만들어야 하나 하던 참에 코인 로커 구석에 있는 동전 교환기가 눈에 들어왔다. 아까까지는 찾아도 안 보였는데 정면에 있었다는 게 우스우면서도 교환기가 있어서 다행이라고 생각했다. 우선 1,000엔을 100엔 열 개로 바꾸고, 버스비도 필요하니 동전이 부족하지 않게끔 1,000엔을 더 넣어서 총 2,000엔을 모두 동전으로 바꾸었다. 바꾼 동전들을 보조 가방 앞주머니에 넣었더니 주머니가 두둑해졌다. 이제 100엔 다섯 개를 순서대로 넣어 로커의 큰 사물함에 배낭을 넣었다. 카루이자와를 구경하는 동안 배낭과는 잠시 작별이다. 코인 로커가 있다는 걸 알기 전에는 하루 동안 배낭을 멘 채로 카루이자와를 돌아다녀야 할 거라고 생각했는데 이렇게 로커가 있어 준 덕분에 어깨가 가벼운 여행을 할 수 있게 되었다. 역에서 로커 설비를 갖추는 건 비교적 단순한 일이겠지만 나 같은 여행객들에게 주는 편리함은 몹시 크다. 누이 좋고 매부 좋다고 생각하니 기분이 좋았다.

배낭을 로커에 맡기고 카루이자와역의 북쪽 문으로 나오니 흰 눈이 쌓인 멋진 마을 풍경이 펼쳐졌다. 작은 집 몇 채가 눈에 들어왔고, 멀리 보이는 산에는 눈이 쌓이지 않아 나무와 흙의 색을 그대로 보여주고 있었다. 하늘은 더없이 파랗고 맑아서 '하늘색'이 이렇게나 아름다운 색깔이라는 것을 깨달았다. 원래도 하늘색을 좋아하는데, 역에서 본 하늘의 색은 내가 알던 하늘색과 전혀 달랐다. 색연필에 있는 하늘색처럼 불투명한 게 아니라 투명하면서도 깊은, 깊어질수록 점점 짙어지는 그런 색이었다. 생각해 보면 하늘은 다 이어져 있는데 이렇게 파랗고 예쁜 하늘은 처음 봤다는 게 신기하고도 기뻤다. 그리고 카루이자와는 평범하다면 평범한데 특이한 맛이 있었다. 도시적인 느낌과 전원적인 느낌이 공존하면서도 도시와 시골의 중간이라는 설명이 어울리지는 않는다. 역에서 바라본 풍경만으로도 카루이자와가 어떤 분위기를 머금은 곳인지 느껴졌다.

역에서 나와 정면으로 본 풍경으로부터 몸을 돌리니 카루이자와역(軽井沢駅)이라고 적힌 역 입구가 보였다. 분명 아까 이 문으로 나왔을 텐데도 이 문이 카루이자와역의 문인 게 순간 이상하게 느껴졌다. 카루이자와에 도착해 열차에서 내리고도 25분가량 역내에서 코인 로커와 씨름한 뒤 눈 덮인 마을 풍경까지 감상했으니, 도착한 시간에 비해 '카루이자와역'이라고 적힌 문이 머릿속에 비교적 늦게 입력되어서 그랬던 것 같다. 역 내부가 아닌 외

부로부터 카루이자와역에 왔다면 가장 먼저 보았을 그 문을 보고, 여기가 카루이자와역이구나 하고 묘하게 다시 한번 깨달았다. 그나저나 카루이자와역 북쪽 문으로 나오면 버스 정류장이 보여야 하는데 보이지 않았다. 내가 서 있는 곳은 2층이니 1층으로 내려가 보기로 했다. 1층으로 내려갔더니 바로 버스 정류장이 보였고 목적지별로 버스가 대기하고 있었다. 안내판을 보고 시라이토 폭포로 가는 버스 앞으로 갔더니, 버스 앞에 나와 있던 운전사가 내게 어디로 가는지 물었다. 순간 '시라이토 폭포(白糸の滝)'라는 이름이 글자로만 생각나고 발음이 생각나지 않아서, 조금 생각하면서 "시라이토…"라고 대답했더니 승차하도록 안내받았다. 안내에 따라 앞문을 통해 버스에 오르니 승차권 기계가 있어 승차권을 한 장 받았다. 승차권은 작고 얇은 종이였고 번호가 적혀 있었다. 작은 쪽지 같은 종이를 받아 드니 왠지 귀엽게 느껴져서 기분이 좋았다. 버스 안에는 이미 사람들이 많이 타 있어서 혼자 앉을 자리는 없었다. 창가 좌석에 자리를 잡은 여성 옆에 앉은 뒤, 버스가 출발하기를 기다렸다. 버스 안에는 특이하게도 중국인 관광객이 많았다. 나가노에 오고 나서는 한국어와 중국어를 들을 일이 없다시피 했는데 이 버스 안에만 중국인 관광객이 많아서 놀랐다. 버스는 10시 30분에 출발해 가파른 산길을 따라 올라갔다. 창밖에는 눈에 덮인 산악 지대가 넓게 펼쳐졌고 얇은 나뭇가지를 드러낸 수많은 나무가 보였다. 사람들의 손길과는

거리가 먼, 그야말로 겨울의 산속 풍경이었다. 겨울에 한라산 근처에 가면 볼 수 있는 풍경과 비슷했지만 그보다는 길이 더 좁고 험준했다. 10시 54분에 시라이토 폭포 정류장에서 하차했다. 아스팔트 길 양옆에는 눈이 쌓인 산 경사면이 있었고, 거기에 뿌리 내린 줄기 가는 나무들이 일제히 하늘을 향하고 있었다. 도로 한편에는 차들이 세워져 있었는데, 어릴 적 아빠 차를 타고 한라산 앞 도로를 지나갈 때 보았던 풍경과 몹시 비슷했다. 그 풍경으로부터 몸을 돌려 반대편을 보니 시라이토 폭포로 가는 방향은 그쪽인 것 같았다. 폭포로 들어가는 입구 앞에는 간단한 음식을 파는 점포들이 들어서 있었고, 그 앞에서 한 사람이 생선을 통으로 구운 꼬치를 먹고 있었다. 생선 통구이 꼬치라는 음식을 실제로 본 건 처음 같았다. 온도가 따뜻하다면 맛은 있겠지만 먹기 불편할 것 같아서 다른 가게를 살펴봤다. 소바를 파는 가게가 있었지만 나가노에 오고 나서는 왠지 소바를 먹고 싶은 기분이 줄곧 들지 않았다. 둘러보니 튀김이나 꼬치류를 한 개씩 판매하는 가게가 보여서 그곳에서 사 먹어 보기로 했다. 무언가를 사 먹을 계획은 없었지만 서두를 필요도 없으니 간단하게 요기를 하고 폭포를 구경해도 좋을 것 같았다. 그리고 음식을 낱개로 한 개씩 판매하니 원하는 개수만큼 살 수 있다는 점이 좋았다. 가게에 진열된 음식 중 양고기 꼬치가 눈에 들어왔지만 고기구이는 식어버리면 맛이 없을 것 같아서 사지 않았다. 조금 둘러보고는 소고기 고로케와 고헤이모치[1]로 결정했다. 아침부터 튀김을 먹는 건 그렇게 좋은 선택은 아니지만 소고기 고로케의 가격이 200엔으로 아주 싼 데다 앞으로 움직일 동력을 얻는다는 차원에서는 괜찮은 선택일 것 같았다. 고헤이모치는 어제 나라이주쿠에서 방문한 카페 코나야의 메뉴에도 있었는데, 주문할까 고민하다 결국 먹지 않았으니 여기서 먹어 볼 생각으로 골랐다. 구매한 고로케와 고헤이모치를 들고 난로가 켜진 간이 천막 휴게실에 들어갔다. 가게에서 산 음식을 먹거나 버스를 기다릴 때 머무를 수 있도록 마련된 장소 같았다. 이런 추운 날에는 아무리 따뜻한 음식이 있더라도 밖에서 서서 먹는 건 괴로운 일이다. 폭포 구경을 하러 와서도 잠시 따뜻한 천막 안에서 편안하게 먹고 쉴 수 있는 건 감사한 일이라고 생각했다. 천막 안에는 사람이 몇 있었고 난로와 가까운 의자에는 일본인 남녀가 앉아 이야기를 나누고 있었다. 나는 난로와 조금 떨어진 곳에 자리를 잡고 하얀 간이 테이블 위에 음식을 내려놓았다. 우선 소고기 고로케부터 맛보았다. 가격이 싸니까 소고기라고 해도 그렇게 맛있지는 않을 거라는 예상과 달리 고로케는 몹시 맛있었다. 고로케 속은 매우 따끈따끈했고 담백한 육즙과 양념이 일품이었다. 예상외의 맛에 감동하면서 한 입씩 베어 물었고 아침에 열차에서 우유를 마셨다고는 해도 은

1 五平餅 - 멥쌀밥을 넓둥글게 이겨서 꼬치에 꿰고 된장이나 간장을 발라 불에 구운 것으로 일본 중부 지방의 산간 지역에서 전해지는 향토 요리이다.

근히 배가 고팠는지 고로케는 단숨에 다 먹었다. 고로케를 다 먹고는 고헤이모치에 손을 뻗었다. 따뜻하고 쫀득한 떡의 식감을 기대하고 한입 먹었는데, 떡이 이미 식고 딱딱해져서 이로 끊으니 맥없이 뚝 끊어졌다. 겉에 발린 양념도 시간이 지나 굳고 뭉쳐져 있어 불쾌한 맛만 났다. 혹여나 다시 먹어 보면 맛있게 느껴질지도 모르니 또 한입 베어 물었는데 역시나 너무 딱딱해서 어쩔 수 없이 폐기했다.

간소하게나마 배도 채웠으니 폭포로 향했다. 폭포로 올라가는 길목 입구에서부터 세차게 흐르는 개울이 보였다. 떨어지는 물의 힘을 그대로 싣고 흐르는 듯한 멈추지 않는 생명력이 느껴졌고 물살이 하얗게 피어올랐다. 길이 꽤 미끄러워서 조심스레 한 발씩 나아갔다. 주위는 그야말로 겨울의 대자연이었다. 경사면에 가득 쌓인 눈에 무수한 돌과 나무, 푸르게 흐르는 물이 어우러져 비현실적인 감각까지 자아냈다. 눈이 가득한 그 풍경은 자연의 장엄함을 담고 있는 동시에 보는 사람의 마음을 밝고 가볍게 해 주었다. 겨울의 한복판이자 산의 한가운데인 것 같은 그곳에 관광객들이 드나들고 있었고, 그것이 허용되는 것조차 조금 신기하게 느껴지는 순간이었다. 길을 따라 올라갈수록 물길의 폭이 넓어졌고 산 경사면에 쌓인 눈도 두꺼워졌다. 설산의 풍경이 무르익더니 위의 폭포에서 바로 흘러나온 것 같은 작은 폭포가 보였다. 아직 시라이토 폭포의 진면모를 보지 않았음에도 훌륭한 설산 속의 작은 폭포를 보니 벌써 이곳이 가진 좋은 면모를 여실히 느낀 기분이었다. 곧 적당한 넓이의 평지가 펼쳐지면서 정면에 시라이토 폭포가 보였다. 사진으로 본 것보다 폭포의 규모는 작게 느껴졌다. 폭포수의 낙차도 크지 않았고 너비도 그렇게 넓지는 않았다. 폭포까지 오는 길의 설산 풍경은 더할 나위 없었지만, 폭포 자체는 녹빛을 머금은 여름이나 나무가 붉게 물드는 가을 풍경과 어우러지면 더 아름다울 것 같았다. 폭포수가 떨어진 수면은 잔잔한 물결을 이루었고 물의 깊이가 얕아 지면의 돌이 비쳐 보였다. 폭포를 조금 바라보다가 폭포 반대편에 있는 눈이 가득 쌓인 경사면으로 향했다. 아이들이 눈놀이를 하고 있었고 눈사람도 몇 개 있었다. 머리는 주먹 크기이고 몸통은 그것보다 조금 큰 눈사람들이 두세 개 있었다. 모두 얇은 나뭇가지로 눈코입과 단추, 팔이 정성스럽게 장식되어 있었고 한 눈사람의 머리 양옆에는 마른 낙엽이 꽂혀 있었다. 낙엽이 동물 귀처럼 보여서 귀여웠다. 눈사람을 구경하고는 다시 폭포 쪽으로 내려왔다. 폭포의 모습을 카메라에 담고, '시라이토 폭포'라고 세로로 적힌 나무판도 사진으로 남겼다. 폭포의 모습을 충분히 눈에 담고는 이제 내려가기로 했다. 산 위에서 아래로 내려가는 길을 바라보니 올라올 때보다도 산의 경사가 여실히 느껴졌다. 폭포에서 흘러나와 아래로 향하는 물처럼 발걸음도 아래를 향해 갔다. 폭포 구경을 마치고 내려온 시각은 11시 30분이었고 버스는 11시 40

분 도착 예정이었으므로 시간 여유는 있는 편이었다. 이곳 정류장에 내렸을 때는 11시 40분 버스를 타기에 폭포를 구경할 시간이 충분할까 싶었는데, 추운 날씨에 바깥을 구경하는 데는 30분이면 충분했다. 카루이자와역 방향으로 내려가는 버스를 타는 정류장 앞에 섰다. 정류장에는 버스를 기다리는 사람이 둘 있었다. 아까 소고기 고로케와 고헤이모치를 사 먹었던 가게를 비롯한 상점들이 정면에 보였고 간판에는 '쿠사츠 교통(주) 시라이토 폭포점'이라고 쓰여 있었다. 쿠사츠 교통(草津交通)이라는 회사명은 여기 시라이토 폭포에 오는 방법을 조사하면서 처음 보았는데, 이 일대의 버스를 운행하는 지역 교통 회사인 것 같았다. 시간은 11시 40분이 되었는데 내가 탈 버스는 오지 않았다. 일본의 열차나 버스는 1분도 틀리지 않고 정확한 시간에 도착하는 만큼 버스가 예정 시간에 도착하지 않자 조금 불안해졌지만, 잠시 뒤면 버스가 올 거라고 믿고 기다렸다. 잠시 후 11시 43분에 버스가 도착했고 버스에 올라 승차권을 받았다. 운전사의 "보조석이 되겠네요."라는 안내에 좌석 쪽을 보니 올 때 탔던 버스보다도 사람이 많아 뒤에서부터 보조석을 펼쳐 앉은 상태였고, 남은 보조석도 앞에서부터 세 개뿐이었다. 사람이 많아 불편하기도 하고 보조석에 앉아 가야 한다는 게 조금 싫었지만 어쩔 수 없었다. 이렇게 사람이 많으니 자리가 없었을 수도 있는데 원하던 시각에 버스를 탈 수 있는 것도 운 좋은 거라 생각하며 보조석 의자를 펼쳤다. 보조석이라서 펼치기 어려울 줄 알았는데 아주 부드럽게 잘 펴졌다. 의자에 앉은 느낌도 전혀 불안정하지 않고 튼튼해서 일반 좌석과 큰 차이가 없었다. 게다가 시야 앞이 좌석 등받이에 가려지는 일반 좌석과 달리 내가 앉은 보조석에서는 운전사가 보는 것처럼 앞 창문을 그대로 볼 수 있었다. 눈이 쌓인 산길을 달리고 있다는 걸 직접 눈으로 보고 실감할 수 있어서 특별했다. 몇 정거장 지나 승객 두 명이 타서 버스의 모든 보조석이 만석이 되었다. 내 앞의 보조석에 승객이 앉았으니 아까처럼 앞을 환히 볼 수는 없었지만, 기분은 여전히 좋았다. 별로 좋아하지 않았던 보조석에 앉게 되었지만 오히려 더 재미있는 경험을 했다.

버스는 12시 3분에 구 카루이자와(旧軽井沢) 정류장에 도착했다. 내릴 때 승차권과 운임을 같은 상자에 넣는 것이 특이했다. 버스 안 승객 중에서도 꽤 많은 사람들이 구 카루이자와 정류장에서 내렸다. 버스에서 내리니 아까까지 보았던 설산 풍경과는 다른 멋지고도 소박한 거리 풍경이 펼쳐졌다. 번화한 거리였지만 화려하다기보다는 고즈넉하고 산뜻한 분위기였다. 떠들썩하지 않고 담백한 이런 거리가 나는 좋다. 정거장에 내리자마자 보인 가게는 우동 가게였다. 우동도 좋겠지만 우선은 조금 더 걸어보고 먹을 것을 정하기로 했다. 카루이자와 긴자 거리에 들어서니 풍경은 더욱 아름다웠다. 거리의 시작을 알리는 듯한 붉은 보도블록과 양옆으로 늘어선 작은 가게들이 티 없이 맑은 하늘과

어우러졌다. 거리를 바라보면 정면에 큰 산이 보여서 편안한 마음도 들었다. 붉은 보도블록을 따라 걷다 보니 '두부'라고 쓰인 간판이 보였다. 두부라는 글자를 보고 기분이 좋아져서 지도로 가게 이름을 찾아보았는데, 그곳이 어젯밤에 조사해 두었던 그 두부 가게였다. 위치를 찾으면서 온 것이 아닌데도 걷다 보면 바로 보일 정도로 찾기 쉬운 곳에 있었다. 가고 싶었던 가게를 발견했으니 다른 곳은 둘러보지 않고 바로 들어가기로 했다. 가게는 2층에 있었고 계단을 올라가니 문이 있었다. 가게 문에는 '정말로 독단적입니다만 어린이는 입점할 수 없습니다.'라는 안내가 있었는데, '정말로 독단적입니다만(誠に勝手ながら)'이라는 말이 어쩐지 뇌리에 박혔다. 최근에는 어린이 입장을 제한하는 가게들이 있고 그에 대해 여러 의견이 오가고 있지만, 가게 측에서 '저희가 멋대로 정한 규칙입니다'라는 식의 메시지를 문 앞에 써 붙인 것은 본 적이 없다. 어린이 손님을 받지 않는 가게들은 주로 안전사고나 일부 부모의 몰상식한 태도를 이유로 들며 불가피한 결정이니 양해를 부탁드린다는 말을 덧붙이기 마련이다. 어린이 손님을 받지 않겠다는 선택은 본질적으로 가게 자신이 내린 것이라는 메시지를 전달하는 편이 어떻게 보면 깔끔한 방식일 수 있겠다고 생각했다.

가게에 들어서니 바로 주인의 모습이 보였다. 가벼운 인사를 나누고 테이블 쪽을 보았는데 손님은 없었다. 그때, 등 뒤에서 주인아저씨가 "엇!"하고 큰 소리를 냈다. 목소리가 상당히 컸기에 놀라서 뒤를 돌아보니, 아저씨가 잠시 나를 보고는 "아, 죄송합니다."라고 말했다. 아무래도 나를 아는 사람이라고 생각한 것 같았다. 아니나 다를까 아저씨는 "아는 사람과 닮아서요."라고 말을 이었다. 나는 가볍게 고개를 끄덕이고 자리에 앉았다. 아저씨가 나와 착각한 사람은 누구였을까? 조금 궁금하기도 하면서, 다른 나라에서 누군가가 나를 아는 사람과 착각했다는 게 신기하기도 했다. 그리고 이상하게도 주인아저씨가 왠지 더 가까운 사람처럼 느껴졌다. 아저씨가 잠시 사람을 착각했을 뿐 나와는 여전히 관계가 없는데, 이런 사소한 계기로도 친밀감을 느낀다니 인간 심리는 신기하다.

테이블에 앉아서 가게 안을 조금 살펴보니 야외 테라스에도 테이블이 있었는데, 문을 보니 흡연석이라고 쓰여 있었다. 그리고 특이하게도 벽에 촬영 금지 표시가 붙어 있었다. 사진이라는 매체가 식당 홍보에 엄청난 영향을 미치고 인터넷 마케팅으로 승부를 보는 가게가 넘쳐나는 지금 시대에 촬영 금지인 식당이 있다는 게 놀라웠다. 시대의 주류를 이렇게 거스르는 데에는 주인만의 어떤 확고한 뜻이 있으리라 생각하던 중 메뉴판을 건네받았다. 첫 페이지에 나온 점심 두부 정식에는 두부를 이용한 7가지 요리가 나온다고 소개되어 있었다. 두부를 이용한 다양한 요리를 먹어 보고 싶었으니 이걸로 주문하자는 결정이 섰다. 다음

페이지부터는 일품이나 단품 메뉴가 나와 있는 것 같았는데 이미 마음을 정했으니 더 보지 않고 바로 두부 정식으로 주문했다. 주문하고 기다리는 중 메뉴판을 다시 보니, 사시미 두부(刺身豆富)가 가장 인기 있는 메뉴라고 나와 있었다. 두부를 사시미처럼 썰어 놓은 단순한 요리처럼 보이는데 다른 요리보다도 인기가 있는 이유가 궁금했다. 이윽고 주방에서 요리를 준비하는 소리가 들려왔다. 가장 먼저 나온 것은 사시미 두부와 두부껍질을 쌓아 올린 요리(汲み上げ湯葉)였다. 사시미 두부는 메뉴판에서 본 것과 같이 기다랗게 썬 두부 세 조각 구성이었고 옆에는 와사비가 곁들여져 있었다. 두부 표면의 구멍이 매우 작아서 딱 보기에도 밀도가 촘촘해 보였고, 모르고 보면 두부라기보다는 하얀 양갱이나 떡 조각처럼 보일 정도로 탱탱했다. 사시미 두부 한 조각을 3분의 1 크기로 잘라 입에 넣어 보았다. 식감은 밀도 있으면서도 둥근 탄력이 느껴졌고 씹을수록 쫄깃쫄깃했다. 두부는 부드러운 식감을 가진 음식이라고만 생각했는데, 탄력과 쫀득함이 이렇게 좋은 두부는 처음이었다. 또 은은한 단맛이 약간 감도는 것이 평소에 먹는 두부의 슴슴한 맛과는 조금 달랐다. 이 가게에서 사시미 두부가 인기 있는 것은 단순히 신선하고 담백해서만이 아니라 특별하고 기분 좋은 식감 때문이라는 것을 알았다. 두 번째 조각을 먹을 때는 와사비를 살짝 올려 먹었다. 와사비가 맵지 않아서 두부의 하얀 맛에 살짝 재미를 더하기에 좋았다. 작은 조각들을 삼등분해 가며 천천히 즐겼는데도 금세 다 먹었고, 이 가게에 오면 사시미 두부만 단품으로 주문해 즐겨도 방문한 가치가 충분히 있을 거라고 느꼈다. 첫 요리로 훌륭한 사시미 두부를 맛보고 두 번째 요리에 손을 뻗었다. 작은 그릇에 기다란 두부껍질을 쌓아 덩어리처럼 만든 요리였는데, 노란빛에다 이리저리 휘저은 듯한 모양이라 처음에 보았을 때는 스크램블드에그라고 생각했다. 두부껍질 덩어리 아래에는 간장 소스가 깔려 있었고 위에는 와사비가 올려져 있었다. 젓가락으로 떠서 한 입 먹었더니 부드러운 식감과 짭조름한 맛이 혀에 전해졌다. 간장은 그렇게까지 짜지는 않았던 것 같지만 소스가 없는 사시미 두부를 먹은 뒤라 그런지 맛이 강하게 느껴졌다. 간장 소스 없이 먹어야 두부껍질 본연의 맛이 더 잘 느껴졌을 것 같다. 두 요리를 먹고 나니 그 다음은 갓 만든 떠먹는 두부(造りたて豆富), 비지 샐러드(おからサラダ), 두툼한 두부튀김(厚揚げ) 그리고 두유 차완무시(豆乳茶わん蒸し)가 한 번에 나왔다. 갓 만든 떠먹는 두부는 가장 큰 접시에 담겨 있던 데다 양도 많았고 둥근 형태가 마음에 들었다. 숟가락으로 한 숟갈 뜨니 부드럽게 떠졌고 입에 넣으니 갓 만든 두부의 따뜻함이 느껴졌다. 식감도 탱글탱글하다기보다는 부드럽게 녹는 식감이라, 만든 직후 아직 굳지 않은 두부라는 느낌이었다. 이번에는 같이 나온 가쓰오부시와 파를 넣어 섞어 먹었다. 생각보다 가쓰오부시의 맛이 강해서 두부의 맛이 약해진 건 아쉬웠지

만 갓 만든 두부를 즐기는 방법의 하나라고 생각하고 즐겁게 먹었다. 다음으로는 백미밥, 두부와 유부를 넣은 된장국, 하얀 소스를 올린 시금치, 갓 절임, 배추절임, 콩자반이 나왔다. 비지 샐러드는 하얀 비지가 상추와 함께 나오는 메뉴였다. 비지를 먹는 건 처음이었는데 묽지 않은 건조한 생김새가 그릭 요거트와 비슷했다. 젓가락으로 뜨니 보이는 것만큼 푸석하지는 않았고 식감도 부드러웠다. 맛은 겉보기처럼 희었고 상추 한 장과 함께 먹으니 보다 건강한 맛이 났다. 두부튀김은 생김새가 화려한 데다 메뉴 중 유일하게 튀긴 음식이라 맛이 궁금했다. 두툼하게 썬 두부 두 조각의 겉에는 바삭해 보이는 튀김옷이 입혀져 있었고, 위에는 가쓰오부시와 파가 듬뿍 올려져 있었다. 두부튀김 한 조각을 젓가락으로 집어 입으로 가져오니 모든 요리 중 가장 단단한 식감이 느껴졌다. 두부와 튀김옷의 식감 차이는 크지 않고 전체적으로 단단한 식감이었는데, 다른 요리들과 다르게 부드러움보다는 거친 느낌이 강조되는 요리라 재미있었다. 두유 차완무시는 두부튀김과 정반대로 연하고 순한 식감이 돋보이는 요리였다. 연노란색 달걀찜 위에 파릇파릇한 브로콜리가 하나 올려져 있었는데, 우선은 달걀찜 부분만 떠서 한 입 맛보았다. 고체와 액체 사이의 중간 단계 같은 부드러운 식감과 달걀의 고소함이 전해졌다. 위에 올려진 브로콜리도 입으로 가져가고 몇 숟가락 더 먹었더니 아래에 표고버섯이 묻혀 있었다. '묻혀 있다'나 '잠들어 있다'라는 말이 어울릴 정도로, 표고버섯은 아주 오래전부터 달걀찜 바닥에 있었던 것처럼 향이 강했고 주위로 검은 실 같은 게 뻗어 나왔다. 표고버섯을 입에 가져가니 아주 진한 표고버섯의 맛이 났다. 두부 된장국에는 두부뿐 아니라 유부도 들어 있는 점이 독특했다. 된장국 속의 두부가 연두부는 아닌데도 아주 부드러웠고, 입에 넣으니 쏙 빨려 들어가는 듯한 기분 좋은 식감이었다. 시금치 위의 하얀 소스도 맛있었다. 그때는 어떤 소스인지 몰랐는데 지금 생각해 보니 이것도 콩으로 만든 소스였던 것 같다. 갓 절임은 맵지 않은 갓김치를 먹는 느낌이어서 낯설다기보다는 친숙했다. 배추절임은 반찬 중에서 가장 시원하고도 상쾌한 맛이라 김치처럼 요리들 사이에 개운함을 더해 주는 역할을 했다. 콩 반찬은 대두를 삶은 것이었다. 한국의 콩자반은 일반적으로 검은콩을 맛술에 조린 것이라 식감도 단단하고 양념 맛이 강한데, 일본의 콩자반은 대두를 부드럽게 삶아낸 것이고 양념 맛도 덜하다. 나는 검은콩보다는 갈색 대두를 좋아하고 부드럽고 담백한 맛을 선호하니 이쪽이 입에 더 맞는다. 내가 좋아하는 스타일의 콩자반이 나와서 기쁜 마음으로 하나씩 젓가락으로 집어 입에 넣으니 고소하고도 부드러운 맛이 퍼졌다. 이 모든 요리를 흰밥과 함께 한 입씩 먹으니, 입안에서 다양한 즐거움이 느껴지면서 몹시 행복했다.

정식을 다 먹고 나니 꽤 배가 불렀다. 생각해 보면 밥과 두부

뿐인 식사라 육류나 생선은 없었음에도 부족하다는 느낌이 없고 배도 기분도 든든했다.

어제 이 식당을 조사하면서 '두부 요리만으로 무척 든든하고 속이 편한 데다 행복한 식사였습니다.'라는 리뷰를 보았는데 정말 그 말대로였다. 가게에서 나오기 전 계산을 하는데, 주인의 말을 잘못 들어서 1,800엔인 요리에 1,600 얼마를 냈다. 1,800엔이라고 다시 알려주는 주인의 말에 조금 허둥대면서 제대로 돈을 내고 가게를 나섰다. 그럴 생각은 아니었는데 처음에 부족하게 낸 것이 조금 부끄러웠다. 가게에서 나오고 계단을 통해 문으로 향했다. 불과 몇 분 전에 처음으로 이 계단을 올라와 이 가게에 처음 방문했는데, 그로부터 잠시 후인 지금은 이 가게의 요리, 공간, 사람을 이미 경험하고 난 뒤라는 것이 어딘지 신비롭게 느껴졌다.

긴자 거리로 나오니 공기는 추웠지만 햇살은 더욱 밝아져 있었다. 두부 요리점의 간판을 보니 가게 이름이 두부 츠루키치(豆富つる吉)였다. 지금부터는 긴자 거리를 더 둘러보면서 카페에 들러도 되지만, 우선 쇼핑몰 처치 스트리트 카루이자와(Church Street Karuizawa)로 향하기로 했다. 쇼핑몰과 쇼 하우스 기념관 일대를 둘러보고 조금 피로가 쌓일 때쯤 카페에서 휴식하는 것이 좋을 것 같았다. 지도를 열어 쇼핑몰 위치를 보니 내가 있는 곳으로부터 3분 거리에 있었다. 소박한 멋이 담긴 거리라서 이렇게 가

까운 곳에 쇼핑몰이 있다는 것이 조금 의아했다. 조금 걷다 보니 CHURCH STREET라고 쓰인 붉은 간판이 보였다. 잠시 서서 바라보고 있었는데 그리 멀지 않은 거리에서 두 사람이 "처치 스트리트?"라고 말하며 간판을 보고 있었다. 나는 간판이 있는 쪽으로 발걸음을 옮겼다. 들어가 보니, 국내로 비유하자면 김포 현대 아울렛처럼 야외 베이스에 가게들이 들어서 있는 구조의 쇼핑몰이었다. 날이 꽤 추웠지만 추위를 감수하고 둘러보기로 했다. 지금 생각해 보면 그 자리에는 실내 쇼핑몰보다는 거리의 미관을 해치지 않는 선에서 만들어진 야외 구조의 쇼핑몰이 있는 게 훨씬 나은 것 같다. 간판이 있는 방향으로 들어가니 작은 초콜릿 가게가 보였고, 맞은편에는 에스닉한 옷을 파는 가게가 있었다. 조금 걸으니 중앙 광장이 보이고 화장실도 있었다. 본격적으로 구경하기 전에 화장실에 들르기 위해 문을 당겼는데 열리지 않았다. 다시 살펴보니 문 옆에 동전을 넣는 칸이 있었는데, 그 화장실은 이용 요금 100엔을 받는 유료 화장실이었다. 유료 화장실을 본 건 처음이라 신기하면서도 돈을 넣을지는 잠시 고민했다. 이내 여행 중 쾌적하게 화장실을 이용하는 데에는 100엔의 가치가 있다고 판단하고 동전을 넣었다. 생각해 보면 집 밖에서 편안하게 화장실을 이용할 수 있다는 건 참 감사한 일이다. 지금까지도 야외 화장실이나 가게 화장실 등을 이용하면서 다수가 이용하는 화장실을 관리하는 건 꽤 어려울 거라고 종종 생각했었다.

누군가가 힘써준 덕분에 편리하게 화장실을 이용할 수 있지만, 이런 야외 상점가의 화장실은 이용객도 많고 외부인도 아무 때나 이용할 수 있는 만큼 관리가 특히 어렵겠다는 생각이 들었다. 그러니 유료 화장실로 운영해서 청결함과 쾌적함을 유지하는 것도 하나의 방법이 될 수 있겠다고 생각했다. 안에 들어가니 유료라 그런지 사람은 적었다. 어서 나와 줘야 한다는 압박이 없어서 양치도 비교적 여유롭게 할 수 있었다. 화장실에서 다시 중앙 정원으로 나오니 크레이프 가게가 보였다. 가게 앞 메뉴판에는 맛있어 보이는 크레이프 사진이 가득했고 줄을 선 사람들도 있었다. 배가 고팠다면 하나쯤 사 먹어 볼 생각도 들었겠지만, 식사를 마친 직후였으므로 먹고 싶다는 생각은 들지 않았다. 대신 그 맞은편에 있는 공예품 가게에 들어가 보았다. 나무 인테리어가 주는 편안한 내부 모습이 돋보이는 가게였다. 알아보니 가게의 이름은 큐컬 아틀리에(Qcul Atelier)이다. 액세서리나 가방이 아기자기하고 세련미가 있어서 과연 아틀리에라는 이름이 잘 어울리는 가게였다. 들어가 보니 컵이나 잔, 귀걸이, 가죽 지갑, 드라이 플라워, 수제 가방 등 여러 가지가 있었다. 예쁘기는 했지만 직접 사서 이용할 때보다도 지금 여기서 구경할 때가 가장 예뻐 보이는 그런 물건들 같아서 사지는 않았다. 작은 가죽 지갑을 보고는 하나 사 볼까 싶었지만, 지금 것도 사용에 불편은 없으니 그것도 사지는 않았다. 가볍게 둘러보고는 다른 가게들도 보러 갔다. 안쪽으로 향하니 깊숙한 곳에도 가게가 몇 곳 있었다. 그중 분위기가 멋진 잡화점이 하나 보였다. 이름은 요이토(Yoito)였고, 들어가는 문 가까이에 향초가 진열되어 있었는데 자세히 보니 향초에 원두가 그대로 박혀 있었다. 단순히 향만 나는 게 아니라 표면의 원두 알을 시각과 촉각으로 즐길 수 있는 점이 재미있는 향초라고 생각했다. 안으로 들어서니 허리 정도 높이의 나무 진열대 위에 접시가 늘어서 있었다. 접시에는 크게 관심이 없어서 훑어보기만 했는데, 문득 이제까지 접시를 살 필요가 없었기 때문에 관심을 기울인 적이 없었다는 생각이 들었다. 그릇을 살 필요는 커녕 처분을 해야 할 정도로 그릇이 많은 본가에서 쭉 살아온 탓에 가게에서 그릇을 보아도 감흥이 없는 것일 수도 있다. 실제로 나중에 내가 스스로 집을 구해 처음부터 살림을 꾸려나가야 한다면 분명 튼튼하고 디자인도 좋은 접시를 구하는 데 관심을 기울일 것이다. 관심이라는 건 때로는 필요에 의한 것일지도 모르겠다는 생각이 들었다. 그리고 잡화점인데도 카페를 겸해 커피를 판매하고 있다는 점이 독특했다.

가게를 구경한 뒤 다시 거리를 둘러보았는데, 아무래도 처치 스트리트 카루이자와의 상점가는 이 부근이 끝인 것 같았다. 다시 긴자 거리로 향했다. 긴자 거리에서 그리 멀지 않은 곳에 쇼 하우스 기념관, 쇼 기념 예배당, 니테바시가 모여 있으니 그곳으로 향하기로 했다. 쇼 하우스 기념관은 1885년 카루이자와에 방문해 선교 활동과 영어 교육에 이바지한 선교사 알렉산더 크로프트 쇼(Alexander Croft Shaw)가 이용했던 별장이다. 쇼 기념 예배당은 그의 이름을 딴 교회 건물이며, 두 건물 모두 수복 과정을 거쳐 현재는 카루이자와를 방문하는 사람들의 휴식처로 개방되고 있다고 한다. 니테바시(二手橋)는 그 근처에 있는 작은 다리이다.

쇼 하우스 기념관 방향으로 걸어가면서, 기념관 구경을 마치고 어느 카페에 갈지 미리 정해둘까 싶다가 이때 적당히 마음에 드는 곳에 들어가기로 하고 우선은 목적지를 향해 갔다. 그런데 조금 걸으니 긴자 거리의 활기나 인파는 온데간데없고 갑자기 한적한 숲길이 펼쳐졌다. 시골에 있을 듯한 작은 소바 가게 하나와 소박한 료칸 하나를 지나니 거기서부터는 가게도 사람도 없었다. 길 양쪽에는 나무들이 빈틈없이 심어져 있었고 좁은 도로 위에는 인도 표시도 따로 없었다. 나무 사이를 차들만 지나다니고 걸어 다니는 사람은 보이지 않는 그 풍경은 제주의 외곽 지역과 비슷한 느낌이었다. 많은 사람들이 거니는 카루이자와 긴자 거리에서 갑자기 이런 인적 드문 길이 펼쳐져서 조금 놀랐지만, 고요하게 자연에 둘러싸인 길인 만큼 걷기 좋을 것 같았다. 아무리 그래도 나 말고는 사람이 전혀 없어서 조금 초조한 마음으로 한 발 한 발 내디뎠다. 조금 걷다가 지도 앱을 켜서 현재 위치에서 쇼 하우스 기념관까지 가는 경로를 검색해 보았다. 거리에서 왼쪽으로 난 골목으로 들어가라는 안내를 따라 걸어 들어갔다. 골목은 아까까지 걷던 거리보다도 폭이 좁았던 데다, 눈이 쌓인 이후 사람의 손길이 닿지 않은 것 같은 주위 풍경 때문에 왠지 가서는 안 될 것 같은 길로 가고 있는 듯한 느낌이 들었다. 다시 지도를 켜서 경로를 확인했는데 이 길이 맞다고 나왔고, 설령 아니더라도 다시 돌아가면 되니까 망설임을 버리고 가 보기로 했다. 조금 걷다 보니 길 왼쪽에 작고 예쁜 개울이 보였다. 땅 위로 두텁게 쌓여 폭신해 보이는 눈을, 가느다란 개울 줄기가 햇빛을 받으며 가로지르고 있었다. 하얀 눈과 반짝거리는 물이 어우러져 차갑고 밝은 풍경을 이루었다. 아무도 오지 않는 작은 골목에서 아무도 보지 못할 법한 작은 아름다움이었다. 설령 이곳에 누군가 온다 해도 이 개울을 보러 오는 건 아니겠지만, 내게는 이 개울을 본 것만으로도 이 골목에 들어선 가치가 있었다. 훌륭한 개울 풍경을 보았다는 행운을 뒤로하고 길을 따라 걸었더니 이번에는 카토(加藤), 히로세(広瀬), 이시다(石田) 등 성씨들이 적힌 이정표가 보였다. 그걸 보고 여기가 실제 누군가가 소유한 별장들이 모여 있는 곳이라는 걸 알았다. 여유 있는 사람들이 카루이자와에 별장을 짓고 휴양을 온다는 말은 들은 적이 있는데, 어쩌다 보니 그 현장에 오게 되어서 어안이 벙벙했다. 그보다 실제 사람의 이름이 있는 이정표가 있으니 어떻게 보면 사유지일 수도 있어서 여기에 있어도 되는지 의문과 불안이 들었지만, 길에 들어오지 말라는 표지는 없었으니 계속 가 보기로 했다. 이정표가 있는 곳으로부터 오른쪽 길로 향하니 흙길이 펼쳐졌고, 양쪽에는 키 큰 침엽수들이 있어서 압도되는 기분이었다. 눈 쌓인 흙길에는 자동차 바퀴 자국이 남아 있었고 길 오른편에는 어두운 나무색의 별장이 있었는데 그 풍경은 핀란드의 숲속 마을을 연상케 했다. 길을 걷다 보니 자동차 한 대가 지나갔고, 별장 주위에서 눈을 치우는 사람도 한 명 보았다. 현재 여기에 머무는 사람도 있다는 걸 눈으로 확인해서 왠지 신기했다. 이제 지도상의 목적지에 도착했는데, 쇼 하우스 기념관은 없고 빈터와 나무들만 있었다. 지도를 보고 주위를 다시 보니, 내가 서 있는 곳에서 30m 정도 떨어진 곳에 쇼 하우스 기념관의 모습이 보이기는 했다. 그런데 집을 뒤에서 보는 위치인 데다 여기에서 기념관까지는 길이 뚫려 있지 않아서 갈 수 없었다. 구글 지도가 보여준 경로는 입구로 가는 경로가 아니었던 것이다. 예전에 애월에서도 한 식당을 찾기 위해 지도 앱을 사용했다가 민가를 지나도록 길이 안내된 바람에 본의 아니게 사유지에 들어갔던 기억이 있다. 그와 비슷하게 이번에도 지도가 실제 들어갈 수 없는 길을 안내한 것이다. 조금 맥이 빠졌다. 닿지 못할 건너편에 있는 기념관을 바라보며 여기에서 건너가 볼까 했는데, 눈이 많이 쌓였으니 위험할 것 같아서 그만두기로 했다. 잠자코 왔던 길로 돌아갈 수밖에 없으니 발걸음을 돌렸다. 골목을 빠져나와 원래 걷던 거리로 돌아왔

는데, 골목 입구를 보니 '별장 지구'라고 적힌 작은 안내판이 있었다. 길을 헤매 이 골목에 들어온 셈이지만, 그 덕분에 카루이자와의 별장 지구를 두 눈으로 구경할 수 있었다. 여기에 별장 지구가 있다는 것은 몰랐을뿐더러 알았더라도 방문 계획은 세우지 않았을 테니까 별장을 볼 수 있었던 것은 우연이 선물한 행운이었다. 알아보니 우연히 들어갔던 이 골목의 이름은 수차의 길(水車の道)이다. 그리고 성씨가 적힌 이정표가 있는 삼거리에서 오른쪽으로 갔던 그 골목에는 일본의 작가 호리 다쓰오(堀辰雄)가 머물렀던 별장이 있었다고 한다. 호리 다쓰오의 작품『장밋빛 볼(燃ゆる頬)』에 흥미를 가지고 원문을 분석해 본 적이 있는 만큼, 그 길에 들어섰던 것은 생각했던 것보다 큰 특별함이자 행운이었다는 것을 느낀다.

카루이자와 긴자 거리의 반대 방향으로 조금 걸으니 쇼 기념 예배당이 보였다. 입구 근처의 나무에는 '피서지 카루이자와 발상지'라고 세로로 적힌 나무판이 달려 있었다. 피서(避暑)라는 단어를 보니 아침에 료칸 아저씨가 카루이자와가 추울 거라고 말한 것이 이해되었다. 카루이자와가 다른 지역보다 기온이 낮으니 별장을 지어 여름마다 놀러 오는 것이고 자연히 겨울에 방문하기에는 추운 지역인 것이다. 작은 자갈들이 깔린 길 왼쪽으로 들어서면 예배당 앞까지 갈 수 있었다. 어두운 색의 나무로 만들어진 작은 예배당이었고 문은 잠겨 있었지만 유리를 통해 안쪽을 볼 수 있었다. 나중에 알아보니 휴일에만 실내 출입이 안 되고 평일에는 안에도 들어갈 수 있다고 한다. 이날은 일요일이었으니 문이 잠겨 있었던 것이다. 안에는 예배당답게 가로로 긴 나무 의자들이 있었다. 예배당을 간단히 둘러보고는 다시 거리 쪽으로 왔다. 예배당은 보았으니 이제 쇼 하우스 기념관을 찾아야 하는데, 지도로 다시 찾아봐도 입구를 모르겠고 직접 돌아다니면서 찾기에는 쇼핑몰에서부터 줄곧 걸어 온 탓에 조금 지쳐 있었다. 그래서 쇼 하우스 기념관은 뒤로하고 니테바시를 향해 길에 들어서려는데 거기에는 커다란 진입 금지 표시가 있었다. 차량 진입 금지인 건지 보행자도 진입 금지인 건지 몰랐지만 알 길도 없어서 그쪽으로는 가지 않기로 했다. 그래서 계획했던 세 곳인 쇼 하우스 기념관, 쇼 기념 예배당, 니테바시 중에서는 쇼 기념 예배당만 구경한 셈이 되었다.

이 글을 쓰며 이때 방문했던 곳 일대를 지도로 다시 살펴보다가, 쇼 기념 예배당에서 바로 뒤편으로 가면 쇼 하우스 기념관을 볼 수 있다는 것을 알게 되었다. 내가 걸었던 거리의 모습을 생생히 보기 위해 구글 지도의 노란 사람 아이콘을 드래그한 그때, 실제 걸어갈 수 있는 루트가 화면 위에 나타났다. 지도상으로는 쇼 기념 예배당과 쇼 하우스 기념관이 서로 떨어져 있는 것처럼 보이지만 노란 사람 아이콘을 이용하니 예배당에서 바로 뒷길을 통해 기념관으로 가는 루트가 보인 것이다. 코앞이라고 할 수 있을 정도로 가까운 곳이었는데, 바로 뒤편에 있는 쇼 하우스 기념관은 못 보고 왔다는 걸 알았다. 심지어 지도로 보니 예배당 바로 오른쪽에 쇼 하우스라고 적힌 화살표 표지판이 있었는데 당시에는 그걸 못 봤다. 쇼 하우스 기념관의 사진을 보니 무척 멋진 데다가 휴일에도 실내에 입장 가능하다고 하니 방문하지 못한 것이 아쉽다. 그리고 니테바시까지 가는 길도 아마 자동차만 통행금지인 것 같으니 실제로는 가도 됐을 것이다. 나중에야 알게 된 사실들이라 아쉽기는 하지만 그때로서는 어쩔 수 없었다는 생각도 든다. 모바일로는 지도의 노란 사람 기능을 이용할 수 없었던 데다, 인적 드문 길에 통행금지라고 쓰여 있으면 만일을 위해 가지 않는다는 판단도 틀리지 않다. 지나간 일은 되돌릴 수 없는 만큼, 다시 카루이자와에 갈 이유가 생겨서 오히려 좋다. 겨울의 카루이자와도 그것만의 멋이 있지만 녹빛이 감도는 계절 속에서 쇼 하우스 기념관과 니테바시를 새롭게 본다면 아주 즐거울 것이다.

다시 긴자 거리 쪽으로 걷다 보니 아까는 보지 못했던 독특한 사진관이 하나 보였다. 사진관 앞에 옛날 서양풍의 사진들이 액자에 담겨 전시되어 있었고, 사진 속 사람들은 드레스나 군주 복장을 하고 있었다. 사진의 콘셉트가 독특해서 눈이 갔지만, 첫인상은 '내가 찍고 싶지는 않다'였다. 사진관에서 사진을 찍는 것 자체도 그렇게 좋아하지 않는데 하물며 드레스를 입고 찍는 건 일종의 코스프레라고 느껴졌기 때문이다. 별난 사람들이 찾는 사진관이라고 생각하면서도 조금 더 자세히 보니 방금까지의 생각이 무색하게도 사진들이 가진 느낌이 좋았다. 사진 속 사람들과 서양풍 의상이 절묘하게 어울렸고, 초록빛 나무들은 좋은 배경이 되어 주었다. 약간 빛바랜 듯한 색감도 향수를 불러일으켰다. 특히 나이가 지긋한 부부가 함께 찍은 것이 많았는데, 화려한 서양식 복장과 정겨운 옛날 분위기가 어우러져 둘도 없는 독특한 느낌을 자아냈다. 이런 사진을 찍는 것도 의외로 재미있을지도 모르겠다는 생각이 들었다. 드레스 같은 화려한 복장을 체험할 기회도 좀처럼 없으니 가까운 사람과 함께 새로운 옷을 입어 보는 것만으로도 즐거운 경험이 될 것 같다. 쓰다 보니 다음에 카루이자와에 방문할 때는 이곳을 예약해서 사진을 찍어 볼까 하는 생각도 든다. 조사해 보니 사진관의 이름은 카루이자와 사진관(軽井沢写真館)이다.

계속해서 걸으며 긴자 거리를 둘러보니 베이커리, 가죽 공방, 장난감 가게 등 다양한 가게들이 있었다. 식당이나 카페, 베이커리가 많은 것은 그렇다 쳐도 가죽 공방이나 장난감 가게가 있는 것은 독특하게 느껴졌다. 장난감 가게에 들어가니 작은 장식용 모형부터 시작해 바람개비나 부채처럼 어린 시절에 자주 갖고 놀던 물건들이 있었다. 가게가 전체적으로 옛날 느낌이 나는 데다 어린아이들이 좋아할 법한 물건들이 많아 왠지 향수가 느껴지는 곳이었다. 가죽 공방에도 들어가 보았다. 입구에는 가죽 벨트들이 진열되어 있었고 안에는 지갑이나 가방도 있었는데 특별히 관심이 가는 것은 없어서 금방 나왔다. 상점 탐색은 이쯤 하기로 했다. 나는 물건을 사서 소유하는 것으로부터 그렇게 큰 행복을 느끼지는 않는 것 같다. 표현하기는 어렵지만, 물건을 많이 가지는 것은 다르게 말해 인생의 무게를 늘리는 것과도 비슷하다고 생각한다. 그럼에도 여행할 때마다 쇼핑몰이나 상점가는 방문하게 된다. 그도 그럴 것이, 인터넷으로 여행지를 조사하다 보면 그 지역의 상가 정보는 거의 '반드시'라고 해도 좋을 정도로 많이 나오고, 정보가 쉽게 입수되는 만큼 계획에 포함하게 된다. 그리고 상가라는 곳은 단순히 물건을 사는 곳만이 아니라 그 지역만의 특색과 문화를 즐길 수 있는 곳이므로 쇼핑할 생각이 없어도 방문할 가치는 있다고 느껴지기도 한다. 돌이켜 보면 이번 여행에서도 단순 상점가 관광을 위해 방문한 곳이 마츠모토시의 나와테도리 상점가와 카루이자와의 처치 스트리트 두 곳이었다. 결과적으로는 둘러보지 않았지만 이후 카루이자와 프린스 쇼핑 플라자라는 쇼핑몰에도 가긴 했으니, 이곳을 포함하면 세 곳이다. 그곳들도 좋은 기억으로 남기는 했지만, 상가에 방문하는 것 말고 다른 경험으로 여행을 채우는 방법을 배우고 싶다는 생각도 든다. 나중에는 쇼핑이라는 요소를 최대한 덜어낸 여행을 시도해 보고 싶다.

아직 시간이 2시가 채 되지 않았다. 오늘 아침은 8시에 일어났으니 그렇게 일찍 일어나서 움직인 것이 아닌데도 하루의 시간은 많이 남아 있었다. 근처 카페에서 잠깐 휴식을 취하기로 하고 거리를 쭉 걸으며 어느 카페에 들어갈지 살펴보았다. 마음에 드는 곳이 나올 때까지 둘러볼 생각으로 걸으니 꽤 많은 카페를 지나쳐 어느덧 거리 입구 부근까지 왔다. 거리가 시작되는 지점 가까이에 미카도 커피(ミカド珈琲)라는 앤틱한 분위기의 카페가 보였다. 2층 구조의 고풍스러운 외관을 가진 가게였고, 전통이 있다는 점이 마음에 들어서 들어가기로 했다. 1층은 원두나 드립백 등을 진열해 판매하는 공간이었다. 벽에는 가게의 역사를 보여 주는 사진들이 걸려 있었다. 커피를 마시는 공간은 2층에 있었다. 나무로 된 좁은 계단을 통해 올라가니 여자 점원이 서 있는 카운터가 정면에 보였다. 카운터 옆 쇼케이스에는 커피를 이용해 만든 디저트들이 진열되어 있었다. 손님은 한두 테이블에만 있어서 조용하고 편안한 분위기였고 나는 창문을 마주한 테이블에 자리를 잡았다. 곧 남자 점원이 물과 메뉴판을 가져다주었다. 메뉴판에는 블랙커피는 물론이고 모카 소프트, 모카 에스프레소, 모카 플로트, 모카 젤리 같은 화려한 디저트 메뉴들도 있었다. 사진을 보니 디저트 메뉴에는 모두 커피 빛을 띤 소프트아이스크림이 올려져 있었다. 모처럼 일본 카페에 왔으니 평소에는 접하기 어려운 커피 디저트를 먹어 볼까 생각했지만, 아이스

크림을 먹으면 속이 무거워질 것 같아서 먹지 않기로 했다. 여행 중 항상 좋은 컨디션을 유지하기 위해서는 위에 부담을 주는 음식을 먹지 않는 것이 중요하다. 블랙커피 메뉴 중 가장 위에 '하우스 블렌드(구 카루이자와 거리)'라는 메뉴가 있었다.

커피는 이름만으로 그 맛을 짐작할 수 없지만, 이곳 구 카루이자와의 특색을 담은 커피는 어떤 맛일지 궁금해서 이걸로 결정했다. 점원에게 주문하고 잠시 기다리니 곧 커피 한 잔이 나왔다. '카루이자와(軽井沢) MIKADO COFFEE'라고 적힌 작고 하얀 커피잔에 깊고 짙은 커피가 담겨 있었다. 커피를 가져다준 여자 점원이 "크림이 필요하신가요?"라고 묻기에 크림도 부탁했다. 크림을 받을 수 있다는 건 일본의 카페에서만 즐길 수 있는 특별한 경험이다. 커피를 마실 때 기본 옵션으로 크림이 있는 것은 일본의 커피 문화인 것 같다. 생각해 보면 어렸을 때는 어른들이 커피를 마실 때 프림을 넣는 모습을 본 적 있는데, 지금 어른이 되어서는 커피에 크림이나 프림을 넣어 마시는 사람을 본 적이 없다. 커피에 크림을 넣는 건 한국에서는 거의 없어진 문화일지도 모르겠지만 일본에서는 그렇지 않다. 블랙커피를 주문하면 작은 유리병에 크림을 담아 커피 옆에 함께 내준다. 그 새하얀 크림은 보는 것만으로도 기분이 좋아진다. 색으로부터 부드러운 우유 맛이 연상되기 때문이기도 하지만, 진한 한 모금을 마시고 나면 새로운 맛을 더해 한 번 더 즐길 수 있다는 기대가 생기기 때문이다.

컵을 입에 가져가 한 모금 마셨다. 짙은 한 모금이 입안에 퍼졌고 풍미도 괜찮았다. 당연한 말일지도 모르지만 카루이자와스러운 맛은 특별히 느껴지지 않았다. 커피를 한 모금 마신 뒤에는 몸을 돌려 가게 내부를 잠시 살펴봤다. 창을 마주하여 앉았으니 카페 내부의 풍경을 등진 상태였는데, 가게 안 모습을 보니 느낌이 꽤 좋았다. 바닥은 어두우면서도 오렌지빛이 살짝 감도는 나무로 되어 있었다. 잘은 모르지만 마호가니 같다고 생각했다. 테이블과 의자도 비슷한 색의 나무로 통일되어 있어 차분하고 클래식한 느낌이 들었다. 다시 원래의 자세로 몸을 돌려 커피를 마셨다. 커피를 마시며 지금까지의 여정을 메모로 남기고 사진도 둘러보았다. 그러다 커피가 반쯤 남았을 때 크림을 넣었다. 크림도 반 정도만 넣으려고 했는데 넣다 보니 더 넣고 싶어져서 결국 전부 넣었다. 숟가락으로 커피와 크림을 잘 섞고, 카페라테처럼 밝은색이 된 커피를 홀짝 마셨다. 색 이상으로 맛도 카페라테 같았고 크림을 넣었을 뿐인데도 처음부터 우유와 함께 나왔다고 해도 이상하지 않을 정도로 맛이 부드러웠다. 한결 순해진 커피를 마시며 다음 목적지인 쿠모바이케(雲場池)까지 가는 법을 조사했다. 쿠모바이케는 단풍나무가 어우러진 작은 호수인데, 차분한 분위기와 수면에 비치는 아름다운 풍경으로 알려진 곳이다. 조사해 보니 구 카루이자와 버스 정류장에서 쿠모바이케까지 가는 아주 편리한 버스편이 있었다. 이곳에서 쿠모바이케까지는 걸어서 17분 거리이니 걸어갈 수도 있지만 시간과 체력을 아끼기 위해 버스를 타기로 했다. 버스나 열차 같은 선택지가 있는데도 걸을 수 있는 거리라고 해서 걷는 선택을 계속하다 보면 체력이 금방 닳는다는 사실을 이제는 배웠다. 여행지에서 이용법을 잘 모르는 교통수단을 타는 건 낯설고 긴장되는 일이지만 성공하고 나면 시간이 상당히 절약된다. 새로운 곳에서 이동할 때 천천히 걸으면서 주위를 둘러보는 것도 의미는 있지만 가고자 하는 장소에 더 일찍 도착하면 이후에 더 많은 경험을 할 수 있다는 점에서, 그렇게 멀지 않은 거리라도 버스나 열차의 힘을 빌리는 건 좋은 선택이라고 판단했다. 버스는 2시 32분에 있었다. 이곳 미카도 커피에서 구 카루이자와 정류장까지는 걸어서 3분 거리이므로 넉넉하게 10분 전에 가게를 나서기로 했다. 1시 55분에 카페에 들어와서 2시 20분에 나가는 것이니 카페에 체류한 시간은 30분이 채 되지 않았다. 더 머무르고 싶은 마음도 없지는 않았지만 버스가 있을 때 바로 움직이는 것이 좋겠다고 생각하고 1층으로 내려갔다. 카페에 들어올 때는 1층에 무엇을 파는지 자세히 살펴보지 않았지만 나가기 전에 한번 둘러보기로 했다. 여러 나라의 원두가 있었고 통원두, 드립백, 커피 캡슐 등 음용 방법에 따른 제품들도 다양했다. 나의 눈에 띈 것은 커피 젤리였다. 커피 전문점에서 이렇게 커피 젤리를 포장 제품으로 파는 것은 처음 봤다. 한국에서는 커피 젤리를 좀처럼 구할 수 없는 만큼, 집에 가져가

서 즐길 수 있는 제품에 눈길이 갔다. 일반 진열대에 상온으로 판매 중인 것으로 보아 편의점 커피 젤리와 다르게 상온 보관도 가능하니 비행기로 가져가기에도 문제가 없었다. 상자를 하나 들고 계산대로 가져가니, 점원이 계산 후 주황색 종이봉투에 상품을 담아 주었다. 갈색 글씨로 Mikado Coffee라고 적혀 있고 아래쪽에는 원두가 그려져 있는 예쁜 봉투였는데, 손잡이가 없는 데다 보조 가방에 넣을 수 없는 크기라서 카루이자와역에 돌아갈 때까지는 이 커피 젤리를 한 손으로 들고 다녀야 하게 되었다. 예상치 못한 약간의 불편은 생겼지만, 여행 중에 충분히 생길 수 있는 일이라고 생각하고 감수하기로 했다. 나중에 집에 와서 제품 포장지에 적힌 설명을 보니 카루이자와의 물을 사용해서 만들었다고 되어 있었는데, 카루이자와에서 만들었으니 카루이자와의 물을 이용한 게 당연하다면 당연하지만 '카루이자와의 물'이라는 말이 주는 느낌이 왠지 좋았다. 커피 젤리의 맛은 상당히 썼다. 고급스러운 풍미가 느껴진다기보다는 커피의 쓴맛을 응축해 놓은 듯한 맛이었다. 커피의 쓴맛을 싫어하지 않는데도 먹기가 조금 힘들 정도였다. 처음에 포장을 열었을 때 크림이 들어 있지 않아서 아쉬웠는데 이 정도로 맛이 쓰다면 크림 정도는 들어 있어야 할 것 같다. 생각해 보니 차갑게 먹지 않아서 맛이 더욱 진하게 느껴졌을 수도 있다. 내 입에는 역시 편의점에서 파는 초록 포장지의 호로니가 커피 젤리(ほろにがコーヒーゼリー)가 가장 맛있

다. 쓴맛도 적당하고 젤리 위에 올려진 크림이 젤리와 잘 어우러져서 맛의 밸런스가 좋은 제품이다.

미카도 커피에서 나오니 시간은 2시 28분이었다. 2시 32분 버스를 타야 하니 조금 서둘러서 정류장으로 향했다. 정류장에는 버스를 기다리는 사람이 네다섯 정도 서 있었다. 버스를 기다리는데 내 뒤에서 어떤 아주머니가 버스 시간표를 들고서 곤란해하고 있었다. 아무래도 어떤 버스를 타야 하는지 잘 몰라서 헤매고 있는 것 같았다. 아주머니는 버스 시간표의 한 부분을 가리키면서, "이 버스를 타야 하는데 이미 지나갔을까요?"라고 내게 묻기 시작했다. 아주머니가 가리킨 부분을 보니 형광펜으로 표시가 되어 있었다. "여행사 사람이 이 버스를 타라고 했어요."라고 아주머니가 말을 이었는데, 표시된 시각은 이미 지나 있어서 아마 그 버스는 지나갔을 거라고 생각했다. 그랬지만 정확한 조언을 줄 수가 없어서, "죄송해요. 저도 여기가 처음이라 잘 몰라요."라고 대답했다. 나도 구글 지도 검색에 의존하며 이리저리 헤매는 처지라, 아주머니가 물어본 사람이 하필이면 나였던 것은 조금 안타까운 일이었다. 아주머니는 꽤 곤란한 상황인지 그럼에도 내게 몇 마디 더 물어보았는데, 이쯤 되니 나도 외국인이라고 밝히기가 어쩐지 미안해져서 잘 모른다고 거듭 대답했다. 그러다 내 앞에 서 있던 여자 두 명 일행이 아주머니에게 "어디로 가세요?"라고 말을 걸었다. 그러자 아주머니는 그 일행에게 버스

시간표를 보여 줬고, 말을 건 사람은 구글로 가는 곳을 검색해 주었다. 아주머니가 필요한 도움을 받았는지는 잘 모르겠지만 아무튼 나와 그 두 명이 탈 버스가 도착했다. 그 사람들이 먼저 버스에 오르고 나는 그 뒤를 이어 버스에 탔다. 버스에 타니 그 일행은 "아주머니 괜찮을까?", "스마트폰이 없으신 걸까?"하고 이야기를 나눴다. 그 이야기를 들으며 나도 카루이자와 지리나 교통에 대해서는 잘 모르지만 아주머니를 위해 검색 정도는 해 줄 수 있었겠다는 생각이 들었다. 그때는 당황도 했고 부족한 정보로 도와주다가 잘못 알려줄 수도 있다는 생각에 도움을 주지 못했지만, 지금 생각해 보면 솔직하게 외국인이라고 밝힌 뒤, 잘은 모르지만 검색해 줄 수는 있다고 말하고 지도로 알아봐 주는 게 가장 좋았을 것 같다. 아무리 외국인이어도 인터넷으로 지도 검색을 할 수 있다는 점에서 아주머니에게 조금의 도움은 되었을지도 모른다. 다음에 비슷한 상황이 생기면 잘 모른다고 해서 소극적인 태도로 일관하기보다는 내가 도움을 줄 수 있는 부분을 찾아보자고 생각했다. 버스가 쿠모바이케 방향으로 향할수록 바깥은 점점 인적이 드물어졌다. 눈 덮인 숲과 도로가 어우러진 풍경을 보고 있으니 버스는 곧 쿠모바이케 정류장에 도착했다. 버스의 앞쪽으로 가서 내리려고 하니 운전사가 "여기서 내리십니까?"하고 물었다. 그렇다고 대답했더니 내리기 전에 하차 벨을 눌러야 한다고 그가 말했다. 그러고 보니 하차 벨 누르는 걸 완전히 잊고 있었다. 조금 당황한 상태로 "죄송해요, 잘 몰랐어요." 하고 대답하니 운전사는 내가 타지 사람인 걸 알았는지 하차 벨을 눌러야 한다고 다시 친절히 말해 주었다. 가볍게 인사를 하고 요금을 낸 뒤 버스에서 내렸다. 여행 중 꼭 해야 하는 일에 대해서는 좀처럼 잊어버리지 않는데, 왜인지 이때만큼은 버스에서 벨 누르는 것을 까맣게 잊었다. 다음부터는 잊지 말기로 마음에 새기고 쿠모바이케로 가는 길을 탐색했다. 버스에서 내리니 둥근 회전 교차로가 보였고, 오른쪽 길이 쿠모바이케로 향하는 길이었다. 길 양옆에는 눈이 쌓여 있었지만 가운데 부분은 말끔히 치워져 있어 걷기 편했다. 길은 구 카루이자와의 별장 지구가 있던 곳과 비슷한 느낌이었는데, 양옆에 키 큰 침엽수가 있어서 조용한 숲속 같은 분위기였다. 쿠모바이케로 가는 길 입구 쪽에 카페 파르티(CAFFÉ PARTI)라는 가게가 있었다. 숲속 산장 같은 느낌이라 나중에 들러도 좋겠다고 염두에 두고 우선은 쿠모바이케를 향해 걸었다. 중간중간 보이는 작은 나무 집들이 숲 풍경과 어우러져 운치 있었다. 5분 정도 걸으니 쿠모바이케로 들어가는 입구가 보였다. 호수에서 흘러나온 작은 개울이 먼저 보였는데, 아침에 보았던 시라이토 폭포의 물처럼 시원하고도 깨끗한 느낌을 주는 물이었다. 호수 쪽으로 걸어가니 넓은 호수의 모습을 한눈에 담을 수 있었다. 그런데 계절이 계절이어서 그런지 호수가 살아 있다기보다는 어딘가 잠들어 있는 느낌이었다. 물은 가만히 멈추어 있고, 주위의 나무들도 본래의 생기를 잠시 반납한 상태였다. 어릴 적 에코랜드라는 테마파크에 놀러 가서 본 인공 호수와 비슷한 느낌이었다. 호수를 중심으로 왼쪽 길과 오른쪽 길이 있었는데, 우선 오른쪽 길을 따라 걷기로 했다. 추운 날씨임에도 산책하러 온 사람들이 몇 명 있었고 그중에는 중국이나 대만의 코스프레 팀도 있었다. 이런 날씨에 코스프레 복장을 하고 사진을 찍는 건 꽤 힘들 것 같은데, 좋은 사진을 남기기 위해서는 이런 고생도 감수해야 하는 건가 생각했다. 길을 따라 걷는데 눈이 녹아 흙과 섞여서 발밑은 질척질척했다. 발걸음에 주의하며 호수 쪽을 바라보았는데, 다른 방향에서 보아도 들어올 때 보았던 호수 모습과 별다른 차이는 느껴지지 않았다. 카메라를 켜고 호수를 배경으로 사진을 찍어 보았다. 눈으로 보는 것과 달리 카메라에는 차갑고도 따뜻한 겨울 햇살이 잘 담겨서 좋은 사진이 찍혔다. 안쪽으로 갈수록 길이 좁아지고 진흙과 나뭇가지 때문에 걷기가 불편해져서 왔던 방향으로 나오기로 했다. 처음 호수를 보았던 위치로 다시 가서 사진을 찍어 보았다. 카메라의 밝기를 잘 조절하니 푸른 하늘이 호수에 비치는 것 같은 멋진 사진이 찍혔다. 나가노에 오는 것을 계획하면서 카가미이케(鏡池, 거울 호수)라는 호수가 있는 것을 알게 됐는데, 자연 풍경이 물에 거울처럼 비치는 모습에 이런 이름이 붙었다고 한다. 이번 여행에서 카가미이케는 방문하지 못했지만, 푸른 하늘의 색을 그대로 비추는 호수 모습을 사진으로 담으니 이곳이 바로 거울 호수나 다름 없다고 느꼈다.

쿠모바이케에서 나오니 시간은 3시였다. 들어올 때 걸었던 길을 따라 버스 정류장 방향으로 향했다. 다음으로 방문할 곳은 야가사키 공원이다. 카루이자와역 바로 앞에 있고 커다란 연못을 둘러싼 공원인데, 방문 우선순위에 드는 장소는 아니었지만 시간 여유가 있어서 가 보기로 했다. 이곳 쿠모바이케에서 카루이자와역까지는 걸어서 20분 정도 걸린다. 카루이자와에서 꼭 가 보고 싶었던 곳은 다 방문했고 야가사키 공원과 카루이자와 쇼핑 플라자를 마지막으로 도쿄로 향할 예정이었다. 도쿄에는 6시에 도착하든 7시에 도착하든 상관이 없어서 서두를 필요가 없었다. 생각했던 것보다 시간이 남아서 이곳 카루이자와의 정취를 두 발로 걸으며 천천히 느껴 보기로 했다. 회전 교차로에서 앞으로 직진해 맞은편 길로 향했다. 그리고 키 큰 나무들 사이의 하얀 길 위를 조심스럽게 걸어갔다. 길을 걷는 사람은 나밖에 없었고 이곳이 왠지 다른 곳들과 동떨어져 있는 것 같다는 어렴풋한 감각이 들었다. 어린 시절의 내가 '아무도 모르는 신비한 숲길'을 상상한다면 이곳 모습과 비슷할까 싶었다. 울창한 나무로 둘러싸인 좁은 길에서 나오니 정면에 작은 회전 교차로가 보였다. 회전 교차로 중심의 동그란 부분은 눈이 잔뜩 쌓여 온통 하얀색이었고 주변에는 단독 주택들이 있었다. 저 멀리에는 눈 쌓인 산이 보였다. 세련된 2층 단독 주택들이 모여 있는 조용한 이 동네는 내가 다녔던 초등학교 후문 쪽의 동네와 닮아 있었다. 초등학교 시절 아파트에 살았던 나는 2층 단독 주택들이 모여 있는 후문 동네를 볼 때마다 왠지 들떴고 이런 곳에서 살아 보고 싶다고 생각했었다. 카루이자와의 이 동네는 고급스럽기도 하고 가정적인 느낌이 들기도 했던 그 옛날 동네와 몹시 비슷하게 느껴졌다. 숲이 끝나고 본격적으로 주택가가 펼쳐지기 시작했고 회전 교차로를 가로질러 직진하니 양옆에 바로 주택이 있는 데다 길도 좁아서 사람들이 생활하는 공간에 아주 가까이 왔다는 느낌이 들었다. 왼쪽으로 난 길에서는 어떤 사람이 눈을 치우고 있었다. 집 앞의 눈을 치운다는 생활 밀착형 행위를 보니 이 주택가 골목에서 어서 나가 줘야겠다는 생각이 들었다. 조금 걸으니 이제 주택 구역이 끝나고 도로가 보이는 듯했다. 도로로 나가는 길목의 오른편에 큰 유리창이 멋진 하얀 2층 건물이 있었다. 카페나 스튜디오처럼 보였는데, 어떤 곳인지 궁금해서 검색해 보니 의상 대여를 해 주는 곳이었다. 방문할 만한 곳은 아니라고 생각하면서 마저 직진하자 그 건물 바로 뒤편에 카루이자와 치즈 숙성소라는 이름의 노란 집이 보였다. 돌연히 마주한 그 이름이 무척 마음에 들었다. 단순히 치즈를 둘러보고 싶다는 마음도 들었지만, '치즈 가게'나 '치즈 전문점'이 아니라 '치즈 숙성소'라는 이름인 것이 유독 좋았다. 주위를 살펴보니 치즈 숙성소는 작은 차도를 마주하고 있었다. 이 차도를 따라가면 야가사키 공원도 금방 나올 테니 우선 이 치즈 숙성소에 들어가 보기로 했다.

가게에 들어서니 눈앞에 치즈 진열대가 보였다. 냉장 진열대지만 높이가 낮아 어느 치즈든 한눈에 내려다볼 수 있었다. 푸딩처럼 플라스틱 통에 담겨 있는 치즈도 있었고 미국 만화에 나오는 것처럼 세모 모양으로 잘린 치즈도 있었다. 치즈 외에도 치즈와 곁들여 먹을 수 있는 소스나 잼 등이 함께 진열되어 있었다. 가장 독특하다고 생각한 것은 들어오는 문 바로 맞은편에 있던 블루 치즈였다. 블루 치즈에는 하얀빛을 띤 치즈 표면에 이름 그대로 새파란 점들이 있었다. 아주 신기했지만 먹어 보고 싶은 마음은 안 들었다.

내가 알기로는 치즈는 종류별로 맛이 무척 다양하고 개중에는 입에 안 맞는 독특한 맛과 향의 치즈도 있다. 여기서는 신중한 태도로 맛있을 것 같은 치즈를 골라야 한다. 조금 살펴보다가 '카루이자와 치즈'를 발견했다. 심플하게 직사각형 모양으로 잘려 있고 가운데 부분은 하얀색, 끝부분은 노란색에서 갈색을 띠어 맛있어 보이는 치즈였다. 무난한 선택일 것 같고 이름도 카루이자와 치즈라서 지역의 특색과 대표성이 있는 점이 좋았다. 식감이 부드럽다기보다는 딱딱할 것 같았는데, 옆에 '카루이자와 치즈(경화)'라는 것이 따로 있었기에 경화가 아닌 것은 그렇게까지 딱딱하지 않을 거라 생각하고 구매를 결정했다. 내가 먹을 것 하나와 선물할 것 하나, 총 두 개를 구매하려 했는데 계산대 직원이 치즈는 장시간 상온 보관할 수 없다고 해서 선물용은 사지 못했다. 그래서 하나만 사서 가게를 나왔다. 치즈는 하얀 종이봉투에 포장되었고, 프랑스어로 치즈 공방이라는 뜻의 Atelier de Fromage라고 적힌 고급스러운 빨간 스티커로 봉해졌다. 이제는 다시 야가사키 공원을 향해 걸을 차례다. 지도로 살펴보니 내가 있는 카루이자와 치즈 숙성소 앞에서 야가사키 공원까지의 예상 도보 시간은 3분이었다. 지도가 안내하는 대로 공원 방향을 향해 걸었다. 공원까지 가는 길은 도로 바로 옆에 있는 인도였지만 건물들이 낮은 만큼 하늘이 높게 느껴져서 복잡하기보다는 한적했다. 길을 건너야 하는 사거리까지 왔는데 횡단보도가 없었다. 가까이에 횡단보도가 없나 둘러보았는데 가장 가까운 횡단보도는 아까 들렀던 치즈 숙성소 바로 앞의 횡단보도였다. 지도가 횡단보도의 유무를 고려하지 않고 이곳까지 오도록 안내한 것 같았다. 어쩔 수 없이 왔던 길을 돌아가 치즈 숙성소 앞까지 다시 갔다. 그 앞의 횡단보도를 건너 공원 방향으로 다시 걷기 시작했다. 아까 그 사거리까지 와서 왼쪽으로 난 길로 들어갔다. 좌우로는 나무가 보이고 멋진 단독 주택도 몇 채 자리한 짧은 길을 지나니, 정면에 '차량 진입 금지'라고 적힌 안내판이 보였다. 안내판 너머로는 좁은 길이 이어졌고 오른쪽에는 야가사키 공원의 주차장이 보였다. 공원과 가까운 쪽에는 일반 승용차 주차장이, 맞은편에는 버스 주차장이 있었다. 아직은 주차장만 보여서 공원다운 느낌은 나지 않았고 어디로 들어가야 할지 살피며 길을 따라 걸었다. 그러다 주차장 안쪽에 공원으로 들어가는 길이 보여서 주차장을 가로질러 공원 안쪽으로 들어갔다. 그랬더니 정면에 연못을 둘러싸고 있는 철조망이 보였고 철조망 너머에는 얼어붙은 커다란 연못이 있었다. 연못이 얼어 있을 거라고는 생각지 못했던 터라 커다란 빙판을 보고는 조금 놀랐다. 여기도 공원이라는 장소가 가지는 생명력과 활기를 겨울에게 잠시 뺏긴 상태였다. 물은 딱딱해졌고 나무들은 거무스름한 색을 띠고 있었다. 구경할 만한 것이 없어서 길을 따라 잠시 둘러보기만 하고 나가기로 했다. 오른쪽으로 난 길을 따라 천천히 걸으면서 연못을 바라보았다. 자세히 보니 내가 서 있는 쪽의 물은 얼어 있는데 저 멀리 있는 물은 얼어 있지 않았다. 공원에는 세 명의 남자 일행이 있었다. 한 명은 철봉을 타고, 다른 두 명은 벤치에 앉아서 서로 이야기하며 놀고 있었다. 나이는 10대 아니면 20대 초반 같았다. 처음에는 이런 추운 날에 공원에 놀러 오는 사람도 있구나 싶었는데, 잠시 뒤에는 친구끼리 눈 쌓인 날에 놀러 나오면 꽤 재미있을 것 같다는 생각이 들었다. 눈 쌓인 공원, 이제는 구태여 찾아가지 않지만 어린 시절의 아주 신나는 놀이터였다. 나는 어느샌가 눈에 대한 환상 같은 것이 사라졌지만 다른 많은 사람들에게는 눈이 아직도 즐거운 대상으로 남아 있을지도 모르겠다고 생각했

다. 역과 가까운 출구를 향해 마저 걷다가 뒤를 돌아보고 사진을 하나 남겼다. 그때는 몰랐는데 나중에 보니 사진에 공연장의 모습이 찍혀 있다. 조사해 보니 이 홀의 이름은 카루이자와 오가 홀(軽井沢大賀ホール)이다. 내부 사진을 보니 연주회를 하기에 부족함이 없을 정도로 시설이 잘 갖춰져 있다. 실제로도 현지 아마추어의 발표회부터 세계에서 활약하는 연주자의 공연까지 다양한 공연이 열린다고 한다. 카루이자와 오가 홀을 밤에 찍은 사진도 보았는데 홀 외관의 주황빛 조명이 무척 예쁘다. 그리고 무엇보다 사람들이 즐겨 이용하는 공원 안에 공연장이 있다는 사실 자체가 왠지 좋았다. 생각해 보면 내가 어렸을 때부터 자주 가던 신산공원도 그런 셈인가? 문예회관이 바로 옆에 있으니 말이다.

야가사키 공원에서 나오니 차도가 보였다. 이제 카루이자와 프린스 쇼핑 플라자를 향해 걸어갈 예정이었다. 왼쪽으로 걸어가니 공원 앞에 커다란 눈사람이 보였다. 키가 큰 3단 눈사람이었다. 모자까지 눈으로 되어 있었는데, 작은 바가지에 눈을 담아 그대로 찍어낸 듯한 형태였다. 웬만한 사람 키보다 높아서 만든 사람의 수고를 느낄 수 있었다. 길을 따라 걷다 보니 건널목이 나왔다. 횡단보도 앞에 서서 신호를 기다리다 저 멀리 산 위에 있는 스키장을 보았다. 하얀 눈 위에서 스키를 즐기는 사람들이 작은 점들처럼 보였고 체어리프트가 산 위아래를 오가고 있었다. 나가노는 산악 지역이라 스키로 유명하다는 것은 알고 있었지만 이렇게 그 현장을 눈으로 보니 신기했다.

횡단보도를 건너 쇼핑 플라자 방향으로 걸어갔다. 그러다가 지도의 안내에 따라 어떤 지하도로로 들어가게 되었다. 지하도로로 가는 것 자체는 이상하지 않다고 해도 그 도로는 민간인이 도보로 자유롭게 사용하면 안 될 것 같은, 관리자용 통로 같은 느낌이었다. 그래도 안내에 따라 지하도로로 계속 가 봤다. 오른쪽에는 차들이 터널을 통해 달리고 있고, 머리 위로는 신칸센이 지나가는 소리가 들렸다. 신칸센이 지나가는 길 밑에서 소리를 듣다니 지금 생각하면 조금 신기한 경험이다. 그러나 그때는 터널 속에서 듣는 커다란 열차 소리가 조금 무서웠다. 어쩐지 계속 이상해서 빠른 걸음으로 걷다가, 왼쪽에 빠져나가는 계단이 있어서 바로 위쪽으로 나왔다. 다시 지상의 길로 나왔더니 탈출에 성공한 것 같은 해방감이 들었다. 내가 나올 때 그 계단으로 들어가는 사람도 있었는데, 사람들이 정말 드나드는 길이기는 하구나 싶으면서도 역시 저 사람들도 이상한 길로 가고 있는 것 같다는 생각을 지울 수 없었다. 그나저나 지하도로에서 나오니 목적지인 카루이자와 프린스 쇼핑 플라자와는 어째 더 멀어진 것 같았다. 나온 지점에서 다시 목적지까지 가는 법을 검색했다. 다시 검색해서 지도를 봐도 어디로 어떻게 들어가는 건지 확신은 안 들었지만 일단 쇼핑몰이 있는 방향으로 걸었다. 조금 걸으니 작은 사거리 건너편에 마트 같은 건물이 보였다. 그 건물이 있는 쪽으로 발걸음을 옮기니 어찌저찌 카루이자와 프린스 쇼핑 플라자의 상점들이 있는 곳으로 들어갈 수 있었다. 내가 들어간 방향에는 스포츠 의류 상점들이 쭉 들어서 있었다. 스포츠용품에는 별로 관심이 없어서 빠른 속도로 길을 지나갔다. 지나가니 주차장이 보였고 아무래도 이 근방이 쇼핑몰로 들어가는 가장 큰 입구와 가까운 것 같았다. 넓은 주차장을 가로질러 걷다 보니, 차를 세울 수 있게 치워 둔 눈 무더기 위에서 놀고 있는 아이들이 보였다. 눈이 사람 키보다도 높게 언덕처럼 쌓여 있었는데, 그 위에서 미끄러져 내려오는 4살 정도의 어린아이가 있었다. 아래에서 아이의 아빠가 조심하라고 말하고 있긴 했지만 보기에는 꽤 위험해 보였다. 다른 아이 몇 명은 언덕 꼭대기에 서서 아래로 눈을 던지고 있었다. 눈을 던지는 아이의 부모는 사람이 올 때는 하지 말라고 아이들한테 이야기하고 있었다. 나는 그 언덕에 그렇게 가까이 있지는 않았는데도 부모 중 한 명이 나를 보더니 아이들에게 눈을 던지지 말라고 주의를 주었다. 나는 어서 지나가 주었다.

쇼핑몰 입구 가까이에 다다랐다. 쇼핑몰 중앙에 드넓은 호수가 펼쳐져 있었고 호수 주위에는 눈 쌓인 지대와 가지를 이리저리로 넓게 뻗은 나무들이 있었다. 쇼핑몰에서 이런 풍경을 구현하는 것은 분명 어려운 일이었겠지만 이날 이미 훌륭한 물 풍경을 많이 보아서인지, 아니면 여기까지 꽤 긴 길을 걸어오느라 조금 지쳐서인지 그렇게까지 큰 감흥은 없었다. 무엇보다 호수 건너편의 쇼핑몰을 보니 실내가 아닌 야외형 쇼핑몰이어서 힘이 빠졌다. 상점가를 둘러보는 것도 체력이 있을 때의 이야기지 이미 지친 와중에 바깥길을 걸으면서 쇼핑몰 구경을 하고 싶지는 않았다. 호수 모습만 눈에 담고는 바로 카루이자와역으로 향하기로 했다. 쇼핑몰과 역은 거의 바로 연결되어 있다고 해도 될 정도로 코앞이었다. 역으로 올라가는 엘리베이터도 있었지만 공간이 협소한 데다 장애가 있는 사람들 우선으로 만들어진 엘리베이터 같아서 계단으로 걸어 올라갔다. 계단 수가 꽤 많았는데 노인이나 캐리어를 든 사람도 있어서 힘들지 않을까 싶었다. 계단을 따라 올라가니 바로 카루이자와역 안으로 들어갈 수 있었다. 역에 들어선 시각은 4시였다.

도쿄로 향하는 호쿠리쿠 신칸센 아사마 호는 4시 13분에 출발할 예정이었다. 우선 코인 로커에 가서 맡겼던 배낭을 꺼냈다. 로커에서 꺼내든 검고 커다란 배낭이 어쩐지 무척 오랫동안 떨어져 있었던 물건처럼 느껴졌다. 그리고 플랫폼으로 향한 뒤 승차구 안내를 보니 'ASAMA 16:13 TOKYO 4호차'라고 나와 있었다. 아사마라는 이름도 꽤 익숙해졌다. 이제는 도쿄로 향할 일만 남았는데, 도쿄역에 도착하고는 내일 탈 나리타 익스프레스의 지정석을 발권하고 아키하바라로 향할 예정이었다. 이상하게도 나가노를 떠나는 아쉬움이나 도쿄에 간다는 기대감이 그리 크게 느껴지지는 않았다. 도쿄는 특별히 여행하고 싶어서 결정한 장소는 아니다. 이전 여행에서 귀국하는 비행기를 놓쳤던 일을 교훈 삼아, 귀국 하루 전날은 공항과 가까운 곳에서 숙박하여 비행기 시간에 늦지 않으려는 생각으로 4일 차 숙소는 도쿄에 잡은 것이다. 이왕 도쿄에 머무를 거라면 아키하바라에 가 보자는 생각이 들었다. 아키하바라는 비교적 늦은 시간에도 번화하니 밤에 가도 되고, 어렸을 적 만화에서 보았던 아키하바라의 모습을 한 번쯤 직접 보고 싶기도 했기 때문이다. 어린 시절에는 아키하바라에 꼭 가 보고 싶었는데, 지금은 내가 최신 만화들을 잘 몰라서 얼마나 재미있을지는 잘 모르겠다. 그래도 어렸을 때 꿈꿔 본 장소인 만큼 기회가 될 때 한 번 가 보기로 했다.

도쿄로 향하는 열차가 들어왔다. 자유석 칸에는 사람이 그리 많지 않아서 창가석에 편하게 앉을 수 있었다. 움직이기 시작한 열차 속에서 창밖으로 지나가는 풍경을 잠시 바라보았다. 그러다 도쿄에 도착하면 몇 시쯤일지 확인해 보았다. 열차가 도쿄역에 도착하는 건 5시 20분이다. 1시간 조금 넘게 걸리니, 가는 동안 아까 산 카루이자와 치즈와 사과주스를 먹어 보기로 했다. 열차 좌석의 간이 테이블에 치즈를 먼저 올려 두고, 가방 속에서 주스가 든 유리병을 찾아 꺼냈다. 그리고 종이봉투를 여니 뽀얀 색의 치즈가 나왔다. 치즈를 감싸고 있는 비닐을 벗기려다가 향이 많이 날 수도 있을 것 같아 잠시 손을 멈췄다. 열차 안에서 냄새가 많이 나는 음식을 먹는 건 실례가 아닐까 하다가도, 첫날 나가

노로 오는 신칸센에서 한 칸의 거의 모든 사람이 역 도시락을 먹고 있던 걸 생각하면 치즈 정도는 먹어도 될 것 같다는 생각도 들었다. 사람들이 보통 어떻게 생각하나 궁금해서 '신칸센 음식(新幹線 食べ物)'을 검색했는데 아니나 다를까 바로 아래 '신칸센 음식 냄새(新幹線 食べ物 匂い)'라는 연관 검색어가 나왔다. 알아보니 신칸센 차내에서는 식사에 관한 제한이 없고 자유롭게 식사할 수 있다는 JR측의 설명이 있었다. 안심하고 치즈의 비닐을 벗겼다. 치즈다운 향이 풍기기는 했지만 향이 강하지 않아서 다른 승객들한테 방해가 되지는 않을 것 같았다. 바로 치즈를 입에 가져가 한 입 먹어 보았다. 식감은 생각보다 단단했고 맛은 특색 있다기보다는 치즈의 표본 같은 느낌이었다. 부드러운 매력은 없지만 신선함과 건강함이 느껴지는 치즈였다. 치즈를 조금씩 베어 물며 먹다가 사과주스도 마셔 보았다. 상온에 보관되어 있던 주스였는데도 시원함과 상큼함이 느껴졌고 사과의 맛있는 단맛을 그대로 마시는 느낌이라 무척 기분 좋았다. 조금씩 나눠 마실 생각이었는데 주스는 금세 다 마셨다.

바깥 풍경을 바라보다 5시 20분 딱 맞춰 도쿄역에 도착했다. 도쿄역에서 하차하니 플랫폼에는 역시나 사람이 많았다. 열차에서 내리는 사람과 열차에 타는 사람이 다소 무질서하게 섞였다. 플랫폼에는 계단도 있고 엘리베이터도 있었는데 어느 쪽으로 가야 할지 몰랐다. 조금 헤매다가 계단을 통해 역 안으로 들어갈 수

있었다. 역 내부에 다다르니 여기도 인산인해였다. 요동치는 인파 속에서 내가 해야 할 일은 녹색 창구를 찾는 것이었다. 역 내부가 아주 넓고 혼잡해서 어디서부터 찾아야 할지 감이 잡히지 않았다. 안내가 될 만한 문구를 찾으며 걷다 보니 니혼바시 문 개찰구(日本橋口改札)라고 적힌 기둥이 보였다. 개찰구 주변이라면 창구가 있을 수도 있겠다고 생각해서 화살표 방향을 따라갔다. 조금 걸었는데 니혼바시 문 개찰구는 보이지 않고 대신 오른편에 역 밖으로 나가는 개찰구가 있었다. 왼편에는 열차를 타는 플랫폼들이 펼쳐졌다. 티켓을 개찰구에 넣고 나가 버리면 다시 들어오는 게 까다로울 것 같아서 우선 왼편으로 향해 보았다. 그랬더니 지하철역처럼 노선에 따라 플랫폼으로 향하는 계단이 있었고 여기는 신칸센처럼 도시 간을 오가는 열차가 아닌, 도쿄 안과 주변을 달리는 작은 노선들을 타는 곳인 것 같았다. 아무튼 여기에도 녹색 창구가 없어서 잠시 멈춰 서서 검색해 봤다. 구글 지도에 '녹색 창구(みどりの窓口)'를 검색했지만 역 내부라는 공간 특성상 지도에서 지점을 확인하더라도 길을 찾아가는 방법을 가늠할 수가 없었다. 그렇게 10분 넘게 역 안에서 헤매다가 답답한 마음에 개찰구 너머를 쳐다보았는데 그곳에 녹색 창구의 모습이 있었다. 개찰구로 나가면 바로 찾을 수 있는데 안에서만 헤맸던 것이다. 눈으로 위치를 확인했으니 이제 안심하고 밖으로 나가면 된다. 가방에서 JR 티켓을 꺼내 개찰구에 넣고 나갔다. 그리고 곧

바로 창구 앞에 가서 줄을 섰다. 직원이 직접 방문객을 응대해 주는 창구도 있고 발권용 기계도 있었는데, 기계를 사용해 볼까 하다가 또 헤매고 싶지 않아서 창구 직원과 직접 이야기하기로 했다. 내 앞에는 서양에서 온 관광객들이 줄을 서 있었다. 여기는 외국인 관광객만 찾는 창구니까 그럴 만도 하다 싶었다. 줄을 서니 찾으려던 곳에 올바르게 찾아왔다는 안도감이 느껴졌다. 그러다 고개를 들어 역 내부의 풍경을 바라보았는데, 둥근 천장의 모습이 놀랄 정도로 멋졌다. 근대의 건축물을 연상시키는 기둥과 문들이 2, 3층에 걸쳐 장식되어 있었고 역 내부의 홀은 전체적으로 서양적인 고풍스러움을 풍겼다. 도쿄역이라는 이름만으로는 연상되지 않는 의외의 풍경을 발견해서 좋았다. 그렇게 잠시 기다리니 줄을 선 관광객들을 응대하던 역무원이 나에게 와 용무를 물었다. 나리타 익스프레스의 표를 보여 주며 내일 탈 좌석을 지정하기 위해 왔다고 말하니, 이쪽으로 오라며 기계 쪽으로 안내해 주었다. 갑작스럽게 기계 발권을 안내받게 되어 조금 놀랐지만, 이참에 기계로 좌석을 지정하는 법을 보고 배우자고 생각했다. 기계 앞에 선 역무원은 능숙한 손놀림으로 버튼을 척척 눌렀다. 내일 몇 시 열차로 하겠냐는 질문에 9시나 9시 30분이라고 답했다. 사실 둘 중에 어떤 열차를 탈지 아직 정하지 않은 상태였다. 9시 열차를 타면 공항에는 여유 있게 도착할 수 있겠지만 아침에 일찍 일어나야 하고, 9시 30분 열차라면 아침에 비교적 여유가 있겠지만 공항에 도착할 시간이 늦어지기 때문이다. 내 우유부단한 대답에 역무원은 고민 없이 9시 버튼을 눌러 주었고 그렇게 번복의 여지 없이 일찍 일어나서 열차를 탈 것으로 결정되었다. 역무원이 버튼을 몇 번 더 눌러 처리를 마무리해 주었는데, 어떻게 하는지 보고 배우자는 생각이 무색하게 잽싸고 날렵하게 처리해 주어서 정확히 어떤 순서로 하는지는 결국 잘 알지 못했다. 하지만 다음부터는 나리타 익스프레스의 좌석을 지정할 때 이 기계로 하면 된다는 것은 알았다. 무엇보다 역무원의 도움 덕분에 줄 서는 시간이 많이 단축되었기에 감사 인사를 하고 다음 목적지로 향했다.

도쿄역에 도착하고 가장 먼저 하려고 했던 나리타 익스프레스 좌석 지정을 마쳤으니, 이제는 아키하바라로 출발이다. 아키하바라에 가려면 케이힌토호쿠선(京浜東北線)이라는 열차 노선을 타야 하는데, 아까 길을 헤매며 보았던 작은 노선들이 모인 곳으로 가야 했다. 개찰구에 다시 티켓을 넣고 탑승구로 향했다. 그리고 케이힌토호쿠선 아키하바라·우에노 방면이라고 적힌 3번 플랫폼의 계단을 올랐다. 열차 타는 곳은 바깥에 있었는데 오후 6시를 조금 넘긴 시간이라 바깥은 어둑어둑했다. 도쿄라는 장소와 밤이라는 시간이 합쳐져서, '밤의 도쿄'라는 다소 신비한 현장에 와 있다는 실감이 들었다. 이번 여행에서 줄곧 나가노를 여행했으니 이런 도시적인 분위기는 지금까지 봐 온 풍경과 완전히 다르게 느껴졌다. 도시적이고 사람이 많은 여행지를 그다지 좋아하지는 않지만 여기에서 있을 새로운 발견을 기대하며 기차에 올랐다.

아키하바라까지 가는 기차 안의 풍경은 서울의 지하철 안과 비슷했다. 어쩐지 조금 칙칙한 분위기를 자아내는 회색빛 실내와 삼삼오오 모여 있는 학생 무리가, 익숙하기도 하고 생소하기도 한 풍경을 만들었다. 아키하바라역까지는 5분밖에 걸리지 않았는데도 열차 안에 있자니 그보다 더 걸리는 것처럼 느껴졌다. 곧 아키하바라역에 하차해 역 내부로 들어갔다. 과연 아키하바라답게 역 안으로 통하는 에스컬레이터의 옆 벽면에도 애니메이션 포스터가 붙어 있었다. 역 안은 무척 넓었고 도쿄역보다도 사람이 훨씬 적었다. 우선 코인 로커에 가방을 맡기고 역 밖으로 나갈 생각이었는데 다행히도 코인 로커를 찾는 건 어렵지 않았다. 역 이곳저곳에 코인 로커가 있어서 찾을 생각이 없어도 눈에 들어오는 수준이었다. 그렇다면 내가 나갈 출구와 가까운 코인 로커를 사용하는 게 좋을 텐데, 어디로 나가야 내가 가려고 하는 거리와 통할지 몰랐다. 역 안을 직접 걸어 보면서 나갈 만한 출구를 찾으니 그래도 나름 금방 발견할 수 있었다. 출구와 가까운 코인 로커에 동전을 투입한 뒤, 카루이자와에서처럼 백팩을 통째로 넣지 않고 백팩 안의 내용물을 따로 꺼내어 칸 안에 넣었다. 다니다가 물건을 사게 되면 가게에서 주는 일회용 핸드백보다는 백팩에 넣어 지고 다니는 것이 편하기 때문이다. 짐을 비워 가벼워진 가방을 어깨에 메고 아키하바라역의 출구로 향했다. 역에서 나와 처음 본 풍경은 번쩍거리는 건물들의 모습이었다. 층마다 플라스틱으로 된 간판이 있고 외벽에 전자제품의 이름들이 가득한 독특한 건물들이 역 앞에 들어서 있었고, 거리 쪽으로 몸을 돌리니 휘황찬란한 간판들과 호화로운 애니메이션 그림들이 가득 보였다. 골목을 따라 조금 걸었더니 내가 찾던 아키하바라의 중심 거리가 바로 나왔다. 나는 아키하바라가 골목을 중심으로 한 상점가 같은 곳인 줄 알았는데, 커다란 차도 양옆에 고층의 판매점들이 늘어서 있었다. 횡단보도를 건너 소프맵(Sofmap)이라는 이름의 7층에 달하는 애니메이션 매장에 발을 들였다. 1층에 수많은 피규어가 나란히 전시되어 있었는데 생각보다도 선정적이어서 약간 놀랐다. 애니메이션 매장이니 이런 피규어도 있을 거라고 예상은 했지만 유동 인구가 가장 많은 1층에서부터 전후좌우로 펼쳐져 있을 줄은 몰랐고, 실제로 피규어들을 눈앞에 두니 사진으로 볼 때는 느껴지지 않는 질량감이 있었다. 2층은 건담 프라모델 층이었다. 형형색색의 건담들이 전시되어 있어서 구경하는 재미가 있었다. 도색할 때 쓰는 물감도 있었고 니퍼나 접착제 등의 도구도 같이 팔고 있어서 건담 프라모델을 좋아하는 사람이라면 무척 좋아할 만한 공간이라고 생각했다. 3층은 PC 게임을 파는 층이었는데 게임에는 관심이 없어서 바로 위층으로 올라갔다. 4층과 5층은 비디오 게임 층이었다. 게임 관련 층은 모두 건너뛰고 6층으로 갔다. 6층은 애니메이션 굿즈 전용 층이었다. 구경할 게 많이 없을 것 같기는 했는데, 실제로도 이름만 알고 있는 애니메이션의 굿즈가 대부분이었다. 그래도 둘러보다 보니 중학생 때 좋아했었던 애니메이션의 굿즈가 보였다. 방영이 끝난 지 꽤 됐을 텐데 아직도 인기가 있는지 이렇게 한 칸을 차지하고 있는 모습을 보니 조금 기분이 좋았다. 케로로 굿즈도 있을까 해서 둘러보았는데 케로로는 없었다. 아키하바라에 오면 케로로를 찾아보자고 생각은 했는데, 방영한 지 20년이 되는 오래된 작품이니 쉽게 찾을 수는 없을 거라고는 예상했다. 그래도 다른 곳에는 있을지도 모르니 다음 매장에서도 잘 찾아보기로 했다. 7층은 카페라 가지 않고 엘리베이터를 타고 다시 1층으로 내려갔다. 1층에 내려와서 보니 도라에몽 굿즈는 있었다. 옛날 작품이라도 굿즈가 있는 것을 보고 케로로도 어딘가에 있을지도 모른다는 희망을 품었다.

매장에서 나와 바로 옆에 있는 면세점에 들렀다. 애니메이션 가게를 더 둘러보기 전에 선물을 사 두고 싶어서였다. 가게에 들어서니 프린트 티셔츠부터 시작해 그릇과 다기 등 일본만의 매력을 담은 상품들이 많이 보였다. 단순히 일본스러운 데에 그치지 않고 디자인도 예쁜 것이 많아서 선물을 사기에 좋은 곳이라고 느꼈다. 간식 코너로 향했다. 언니와 친구, 그리고 내가 가르

치는 학생에게 줄 선물을 고르기 위해서였다. 간식 코너에서 가장 먼저 눈에 들어온 것은 교토 우지[2] 말차라고 적힌 초콜릿 떡이었다. 겉에는 초콜릿 파우더가 묻어 있고 속에는 녹차 크림이 들어 있어서 맛있어 보였다. 그리고 코시노 쇼콜라(越乃ショコラ)라는 초콜릿은 포장이 고급스럽고 4개입에 1,200엔으로 가격대도 조금 있어서 선물용으로 좋을 것 같았다. 언니에게 줄 선물은 코시노 쇼콜라의 기본 초콜릿 맛, 친구에게 줄 선물은 코시노 쇼콜라의 녹차 맛으로 골랐다. 그리고 학생에게 줄 선물은 교토 우지 말차 옆에 있던 다른 초콜릿 떡으로 결정했다. 녹차 맛을 좋아하는지 몰라서 무난한 맛으로 결정했고 한 묶음에 4팩이 들어 있어 학생 부모님께도 드릴 수 있을 것 같았다. 나는 과자를 별로 좋아하지 않으니 내 것은 사지 않으려다가 시즈오카[3] 녹차를 발견하고 사기로 했다. 안 그래도 얼마 전에 시즈오카는 녹차가 명물이라는 것을 알게 되었는데, 이렇게 발견했으니 나를 위한 선물로 하나 사 보기로 했다. 나중에 집에서 직접 우려 보니 말차 가루가 들어 있어서 그런지 녹빛이 진하게 묻어 나왔고, 티백 하나의 용량도 생각보다 커서 컵 하나에 물을 가득 채워도 깊고 진한 녹차의 풍미를 느낄 수 있었다. 녹차를 자주 마시는 편은 아니었는데 이 시즈오카 녹차를 계기로 따뜻한 녹차 한 잔을 마시

2 宇治 - 말차로 유명한, 일본 교토부의 남부에 위치한 도시.

3 静岡 - 녹차로 유명한, 도쿄에서 약간 남쪽에 위치한 지역.

며 휴식을 취하는 것이 새로운 즐거움이 되었다. 국내에서도 시즈오카 녹차를 구매할 방법이 있는지 찾아보았는데 일본에서 사 온 것과 같은 상품을 구하기는 어려웠다. 대신 이토엔이라는 회사에서 나온 녹차 티백을 주문해 보았는데, 구매 접근성이 좋고 가격도 합리적이었으나 맛은 역시나 시즈오카 녹차보다 덜했다. 시즈오카 녹차보다 티백 하나에 담긴 용량이 작은 것을 고려해도 풍미가 전혀 다르게 느껴졌다. 다음에 일본에 갈 때에도 시즈오카 녹차는 반드시 사 오자는 생각이 들었다.

선물을 구매하고 가게에서 나왔다. 시간이 7시가 되었으니 애니메이션 매장들이 문을 닫기 전에 어서 더 둘러보기로 했다. 가까운 애니메이션 샵 몇 군데에 들어가 보았는데 건담 상품만 취급하는 1층짜리 가게도 있었고, 한 층 전체가 인형뽑기 기계로 채워져 있는 가게도 보았다. 중고 굿즈 가게에도 들러 보았다. 처음 갔던 곳과 같은 커다란 애니메이션 매장이 아니라 낡은 건물 2층에 있는 작은 가게였다. 들어가니 중고 샵 특유의 먼지 어린 분위기가 느껴졌지만 디자인이 예쁜 피규어들이 가득 있었다. 특히 하츠네 미쿠 피규어가 여러 종류 있었는데, 진열된 상품 중 검은 드레스를 입고 바이올린을 연주하는 모습의 피규어가 예뻤다. 드레스의 부피감이나 광택이 좋고 연주하는 자세가 예뻐서, 내가 피규어를 좋아했더라면 구입하고 싶었을 거라는 생각이 들 정도였다. 그 뒤편에는 다른 캐릭터의 피규어들도 있었다. 그 중 일반적인 피규어보다 크기가 커서 한 손으로 들 수 있을까 말까 한 피규어가 있었는데 가격이 170만 원에 달했다. 그 가격으로부터 마니아들의 애호의 깊이를 느낄 수 있었다. 매장 입구와 가까운 쪽에는 있던 피규어들은 비교적 대중적이었지만 가게 안쪽으로 가니 첫 번째 가게에서 보았던 것보다 더한 창의력을 발휘하는 가지각색의 피규어들이 있었다. 세상에는 이런 것도 있구나 하는 감탄마저 나왔다. 그 뒤로는 딱히 볼 것이 없어서 대강만 둘러보았다. 가까운 곳에 비슷한 중고 샵이 있어서 둘러보았는데 앞에 본 가게와 크게 다르지 않다고 느껴 금세 다시 나왔다.

다음으로 향한 곳은 애니메이트였다. 애니메이션 매장의 대명사 같은 곳이라 한 번쯤 들러 보고 싶었다. 가게에 발을 들였더니 안에는 사람도 많고 진열 상품도 많아서 통행하기가 꽤나 불편했다. 이렇게나 상품이 다양하니 내가 구경할 만한 것이 있을 만도 한데, 사람이 많아 제대로 살펴보지 못했기 때문일 수도 있지만 관심이 가는 것은 없었다. 그래도 이제껏 갔던 다른 가게들과 달리 만화책을 판매한다는 점은 독특하게 느껴졌다.

나중에 조사하면서 알게 되었는데, 애니메이트는 1호관과 2호관으로 나뉘어 있고 내가 간 곳은 2호관이었다. 애니메이션 굿즈는 1호관 4층과 5층에 주로 진열되어 있다고 하니 그곳에 갔다면 어쩌면 관심이 가는 상품 하나쯤은 찾았을 수도 있겠다. 아무튼 내가 있던 2호관에서 층별 안내를 보니 3층은 남성용 층, 5층은 여성용 층으로 나누어져 있었다. 하지만 나는 남성용 층에도 여성용 층에도 용무가 없다. 이쯤 되니 아키하바라는 별로 내게 맞는 장소가 아니라는 생각이 들었다. 돌이켜 보면 아키하바라에서 얻은 최대 수확이 면세점에서 산 시즈오카 녹차일 정도니까 말이다. 나는 여기서 말하는 남성 취향도 여성 취향도 아니고 케로로 굿즈가 있으면 그거 하나 사고 싶은 마음이었는데 결국 찾지 못하고 애니메이트에서도 나왔다. 매장 바로 옆 골목에 뽑기 기계들이 엄청나게 많이 늘어서 있었는데, 거기에도 케로로는 없었다. 케로로 굿즈를 살 수 있는 곳은 일본 아키하바라가 아니라 한국에서 매일 출근하는 학원 바로 앞에 있는 편의점이라고 생각하니 좀 기막히고도 우스웠다.

아키하바라의 많은 매장을 둘러보느라 다소 지쳐서 슬슬 저녁을 먹기로 했다. 일본에 왔는데 스시를 한 번도 먹지 않아서 도쿄에서는 스시를 먹기로 결정해 둔 상태였다. 구글 지도에 저장해 둔 식당 중 거리가 가까운 곳으로 향했다. 식당까지 가는 길에 작은 음반 가게가 있어서 들어가 보았는데 그곳은 애니메이션이나 아이돌 앨범을 모아 놓고 파는 곳이었다. 그리고 작은 인형들을 진열해 둔 가게에도 들어가 보았다. 마지막 미련으로 케로로 상품이 있을까 해서 들어가 보았는데, 케로로는 없었지만 귀여운 캐릭터 상품이 많아 구경하는 재미가 있었다. 캐릭터 키링이나 아기자기한 소품들이 많아서 동심으로 돌아간 듯한 기분이 들었다.

그렇게 애니메이션 샵 구경을 마무리하고 식당에 들어갔다. 3층은 되어 보이는 커다란 식당이었는데, 들어가 보니 무한 리필 식당이었다. 웬만하면 무한 리필보다는 제대로 된 스시집에 가고 싶었지만 지친 상태라 다시 길거리로 나갈 마음도 들지 않아서 이대로 여기서 먹고 가기로 했다. 번호표를 뽑고 잠시 기다리니 무척 친절한 말투의 남자 직원이 2층 자리로 안내해 주었다. 주문은 테이블에 있는 태블릿으로 하는 방식이었고 한 번 주문할 때 주문 가능한 스시의 종류는 최대 6가지까지라고 안내받았다. 과연, 어떻게 이 많은 주문을 다 관리하나 했는데 이런 최소한의 고객 규정이 있구나 싶었다. 태블릿으로 메뉴를 보니 거의 모든 종류의 초밥이 총망라되어 있다고 보아도 될 만큼 종류가 다양했다. 나는 참치, 광어, 도미, 전갱이, 고등어, 연어를 주문하고 기다렸다. 아래층에서 기다리면서도 느꼈지만 분위기가 꽤 시끄러워서 차분하고 편안하게 식사할 만한 식당은 아니었다. 시끌벅적하게 이야기하며 즐기고 싶다면 이런 곳이 제격이겠지만 나는 이런 분위기는 별로 좋아하지 않는다. 무엇보다 무한 리필이라는 시스템 자체가 직원들이 정신없을 수밖에 없는 환경이라고 생각하는데 그런 바쁜 모습을 지켜보는 게 썩 유쾌하지 않았다. 조금 기다리니 주문한 요리가 나왔다. 초밥 퀄리티가 그렇게 좋을 거라고는 기대하지 않았지만 겉보기부터가 그다지 맛있어 보이지 않았다. 생선은 두툼했지만 질이 좋아 보이지는 않았고 전체적으로 투명감과 신선감이 없었다. 하지만 조사를 충분히 하지 않고 들어온 나의 책임도 있으므로 불평하지만 말고 먹어보기로 했다. 참치는 그럭저럭 괜찮았지만 광어 지느러미와 연어는 맛있지 않았다. 밥의 식감도 질어서 먹는 느낌도 딱히 좋지 않았다. 적당히 먹고 나가서 다른 식당에 갈까 생각했는데, 8시를 넘긴 시각이라 다른 식당에 들어가기에는 늦은 감이 있어 여기서 식사를 마치고 나가기로 했다. 스시 맛은 그다지 좋지 않았지만 주문 방식이 편리한 점은 마음에 들었다. 초밥뿐만 아니라 물이나 음료, 된장국 등도 태블릿으로 간단히 주문할 수 있어서 좋았다. 먼저 주문한 초밥을 다 먹고는 참치, 도미, 새우 초밥, 타코와사비[4]와 된장국, 두부, 아이스 녹차도 주문했다. 녹차가 아이스로도 나온다는 점이 좋았다. 이윽고 음식이 나왔고, 맛을 음미한다기보다는 호텔에 가서 배가 고프지 않을 만큼의 양을 먹는다는 감각으로 먹었다. 두부는 맛있을 수밖에 없을 거라 생각했는데 가쓰오부시가 많이 올려져 있어서 두부의 담백한 맛을 좋아하는 내 입에는 맞지 않았다. 아이스 녹차는 정말 맛있었다. 식사를 마친 뒤 결제도 태블릿으로 직원을 불러서 하는 방식이었다. 직원에게 식사비를 지불하고 엘리베이터를 통해 1층으로 내려왔다. 다음부터는 스시를 먹고 싶으면 식당 조사를 확실히 하고 방문하자는 교훈을 얻었다.

---

4 タコワサビ - 생 낙지나 주꾸미, 문어를 와사비, 술과 함께 무친 요리.

이제는 호텔로 가는 일만 남았다. 이날의 마지막 과제는 히비야선을 타는 곳을 찾아서 호텔까지 무사히 가는 것이었다. 아키하바라에서 호텔까지는 JR 철도로 이어져 있지 않아서 내가 가진 JR 패스로는 갈 수 없었다. 도쿄 메트로라는 철도 회사에서 운영하는 히비야선을 이용해야 했는데, 일본에 오고서 열차를 탈 때는 줄곧 JR 패스만 사용해 왔으니 다른 회사의 전철을 타는 건 새로운 도전이었다. 히비야선을 타는 곳은 도쿄역에서 왔을 때 내렸던 아키하바라역과는 또 다른 곳인 듯했다. 아키하바라역 주변을 돌아보니 근처 기둥에 히비야선 타는 곳이라고 적혀 있어서 그 안내를 보며 타는 곳을 찾았다. 아키하바라역에서 횡단보도 하나를 건너니 지하로 들어가는 히비야선 입구가 보였다. 얼핏 보면 눈에 띄지 않는 입구인 데다 노선 색깔도 회색이라 비밀통로를 발견한 것 같은 기분이었다. JR의 커다란 아키하바라역과는 다른 역이었지만 여기에도 분명히 아키하바라역이라고 적혀 있었다. 계단을 따라 내려가니 작은 지하철역의 모습이 눈에 들어왔다. 그곳에 서 있는 회색빛 발권기 중 하나로 향했다. JR이 아닌 발권기는 처음이었지만 어떻게든 해 보자는 마음으로 버튼을 눌러 보았다. 사실 JR 발권기도 익숙하지 않기는 하지만 말이다. 아무튼 목적지 방향을 설정하고 180엔의 요금을 넣으니 조그맣고 귀여운 티켓 하나가 출력됐다. 아이들이 시장 놀이에서 쓸 법한 지폐 같은 작은 크기였다. 발권에 성공한 기념으로 티켓을 들고 사진 한 장을 남겼다. 그리고 플랫폼으로 가서 전철이 오기를 기다렸다. 작은 역이었지만 나 말고도 꽤 많은 사람들이 열차를 기다리고 있었다. 이윽고 열차가 들어왔고 나는 전철에 올라 전철이 나를 닌교초까지 데려다주기를 기다렸다. 닌교초까지는 5분도 채 걸리지 않을 만큼 가까웠다. 역에서 나와 새로운 풍경을 감상하며 호텔까지 발걸음을 옮겼다. 학원과 가게가 늘어선 평범한 거리였지만 그곳에서 마주한 호텔의 외관은 세련미가 있었다. 호텔 이름은 니시테츠 인(NISHITETSU INN)이었고 로비에 들어서니 체크인 기계가 있었다. 오사카에서 신세 졌던 호텔에도 체크인 기계가 있었는데, 최근에는 많은 호텔에서 이런 기계를 사용하는 듯하다. 기계에 이름을 입력하고 여권을 스캔하니 카드 키가 나왔다. 그 카드를 손에 들고 엘리베이터 앞으로 향했다. 엘리베이터와 가까운 선반 위에 작은 건담 프라모델이 있었는데, 아래에 '스태프가 직접 만든 작품입니다.'라는 안내가 있었다. 정성이 보이고 귀엽다고 생각했다.

호텔 방에 들어가니 가장 먼저 커다랗고 새하얀 침대가 보였다. 푹신해 보이는 침대에서는 어제까지 묵었던 료칸과는 다른 편안한 매력이 풍겨 왔다. 옷장을 열어 보니 호텔인데도 유카타가 준비되어 있었다. 역시 다음부터 일본 여행을 할 때는 잠옷을 챙길 필요가 없을 것 같다. 잠시 숨을 돌렸다가 곧 다시 나갈 준비를 했다. 편의점에서 생수와 간식을 사 오기 위해서였다. 방에서 나와 다시 1층 로비로 내려가니 커피 머신이 있었다. 간단히 커피를 마시고 싶으면 따로 사지 않아도 이걸로 마시면 되겠다고 생각했다. 편의점은 호텔에서 멀지 않았다. 짧은 횡단보도를 건너서 편의점에 들어가 무엇을 살지 탐색했다. 일단은 생수 한 병을 손에 쥐고, 먹거리는 무엇을 고를까 조금 고민하다가 요거트와 커피 젤리를 집어 들었다. 일본에 와서 편의점에 가면 고민하다가도 결국 원래 좋아하는 것만 찾게 되는 것 같다. 구입한 물건들을 들고 호텔 로비로 돌아왔다. 천천히 엘리베이터로 향하다가 엘리베이터 앞에 높이가 낮은 책장이 있는 것을 보았다. 책장에는 만화책이 가득 꽂혀 있었고 객실에서 자유롭게 읽어도 된다고 안내되어 있었다. 호텔에서 만화책을 빌려주는 건 처음 봤는데, 이렇게 하면 투숙객들이 객실에서도 특별한 방식으로 지루하지 않게 시간을 보낼 수 있을 것 같았다. 그리고 해외에서 오는 관광객 중에서도 만화를 좋아하는 사람이 많을 테니, 만화책을 직접 읽어 볼 수 있는 것 자체가 문화 체험의 기회가 될 수도 있다고 생각했다. 호텔이라는 공간의 조금은 딱딱해 보이는 이미지를 타파한 무척 좋은 아이디어라고 생각했다.

방에 돌아와서는 본격적으로 휴식에 돌입했다. 샤워 후 유카타를 입으니 몸은 따뜻하고 기분은 개운했다. 내일은 9시에 도쿄역에서 나리타 익스프레스를 타야 하니, 역내에서 헤매는 시간과 이동하는 시간을 고려해 8시 40분까지는 도쿄역에 도착하는 것이 좋다. 조식을 먹고 시간에 맞춰 나가려면 꽤 일찍 일어나야 할 것 같았다. 그런 각오를 다졌지만 침대에 누워 따뜻한 이불을 덮으니 포근하기만 할 뿐 걱정되거나 긴장되지는 않았다.

일본에 와서 지금까지 다양한 과제를 해결하며 즐거운 경험을 한 결과 내일도 잘될 거라는 확신이 나도 모르게 마음속에 생긴 걸지도 모른다.

겨울 5: 나리타 국제공항

2024. 2.12. (월)

7시 30분경에 눈을 떴다. 일어나서 가볍게 세수를 하고 바로 1층의 조식당으로 향했다. 식당 이름은 콘 모토(Con moto)였다. 이탈리아어로 '생동감 있게'라는 의미를 지닌 음악 용어다. 식당에는 음식들이 뷔페식으로 깔끔하고 정갈하게 준비되어 있었다. 다양한 음식들을 보니 아침은 간단하게 먹으려던 원래 생각이 무색하게 입맛이 당겼다. 어떤 것을 먹을까 살펴보면서 밥과 된장국, 달걀말이, 스크램블드에그, 닭튀김, 채소볶음, 명란젓, 낫토, 요거트를 조금씩 그릇에 담았다. 특히 명란젓은 작고 동그란 그릇에 따로 담겨 있어서 보기도 좋았고 아주 맛있을 것 같았다. 이만해도 만족스러운 식사가 될 것 같은데 카레까지 준비되어 있길래 한 국자 듬뿍 퍼서 밥 위에 뿌렸다. 아침 식사부터 이렇게 좋아하는 걸 많이 먹어도 되나 싶을 정도로 훌륭한 구성이었다. 맛도 좋았고 건강하고 다양하게 먹을 수 있어서 행복했다.

조식을 먹고 방으로 올라와서는 나갈 채비를 했다. 양치를 하고 짐까지 챙기는 데에도 생각보다 시간이 그리 많이 걸리지 않았다. 8시 20분에 객실에서 나와 체크아웃했다. 체크아웃은 체크인했던 기계에 카드 키를 넣기만 하면 되는 간단한 절차였다. 이제는 호텔에서 나와 도쿄역까지 갈 차례다. 도쿄역까지는 길을 잘못 드는 실수 없이 곧장 가야 열차 시각에 맞출 수 있다. 지도를 열심히 살펴 가며 다소 급한 걸음으로 역을 향해 갔다. 도중에 보이는 풍경은 그야말로 대도시 같았다. 일본 내의 중요한 일들이 잔뜩 처리되고 있을 것 같은 커다란 빌딩들이 하늘을 찔렀다. 그 빌딩 사이사이를 지나 도쿄역까지 무사히 도착했다. 도착한 시간은 8시 38분이었다. 이대로 나리타 익스프레스를 타는 곳까지 바로 가기만 하면 된다. 이제는 핸드폰의 지도가 아니라 역 내의 빨간 나리타 익스프레스 표시를 눈으로 좇았다. 멈춰 서서 생각할 시간조차 생기지 않도록 빨간 화살표 표시가 보일 때마다 즉각적으로 안내 방향에 따라 움직였다. 다행히 8시 50분이 채 되기 전에 나리타 익스프레스 승강장에 도착할 수 있었다. 이제는 한숨 돌릴 수 있다. 열차가 들어오기까지 10분 정도 기다렸다가 지정된 좌석에 앉았다. 나리타 익스프레스에 오르면 1시간 동안은 열차에 몸을 맡기기만 하면 된다. 귀국할 비행기의 출발 시각이 1시 30분이므로 이대로라면 공항에 도착하고서도 시간 여유가 있을 것 같았다. 편안한 마음으로 공항까지의 여정에 몸을 맡겼다.

나리타 공항 제1터미널에 도착한 시각은 10시 6분이었다. 열차에서 내려 공항 내부와 연결된 통로를 따라 걸었더니 바로 수속을 밟는 곳이 나왔다. 모처럼 공항에 일찍 도착했으니 우선 탑승 수속을 마쳐 두고 남은 시간을 천천히 즐기기로 했다. 탑승 수속은 그리 오래 걸리지 않았다. 수속을 마치고 안쪽으로 향하니 다양한 면세점과 식당들이 보였다. 하지만 가게들을 둘러보기 전에 우선 내가 이용할 게이트는 어느 쪽으로 가야 하는지 확인해 두고 싶었다. 티켓에 적힌 게이트 번호는 12번이었고 오른쪽 통로로 쭉 들어가면 나온다는 안내를 확인했다. 방향도 확인했으니 이제부터 무엇을 할까 하다가 우선 식사부터 하기로 했다. 시간이 11시라 점심을 먹기에는 조금 이른 감이 있었지만, 1시 30분 비행기니 점심을 뒤로 미루기도 애매했다. 우선 식사부터 끝내 두고 다른 할 일을 생각해 보기로 했다. 점심은 카레라이스로 결정했다. 아침에도 먹었지만 가볍게 먹기에는 다른 메뉴보다도 카레가 제격일 것 같았다. 맛은 평범했지만 편안하게 점심을 해결할 수 있다는 데에 만족하기로 했다.

공항에 도착하고 수속도 식사도 마쳤으니 이제는 무언가를 해야 한다는 감각에서 다소 해방될 수 있다. 게이트 앞까지 가야 한다는 의무감도 빠르게 해소하기 위해 탑승구 앞까지 가서 기다리기로 했다. 아까 확인해 둔 방향을 따라 걷기 시작했는데 탑승 수속을 마치고 들어오는 문에서 꽤나 멀리까지 걸어야 했다.

그래도 게이트까지 가는 기분은 무척 좋았다. 복도에는 파란 카펫이 깔려 있었고, 공항 안의 소음이 계속 들려오는데도 이 복도를 걷는 사람은 나밖에 없었다. 분명 이 주위에 사람들이 가득할 텐데 이 순간, 이 공간을 나만이 누리고 있는 것 같은 특별한 감각이었다. 산책하는 기분으로 걷다 보니 복도 끝에 도달했다. 기념품 매장들이 즐비한 공간이 있었고 거기에서 조금 더 앞으로 가면 12번 게이트였다. 게이트는 공항 특유의 북적북적한 분위기와는 다소 동떨어진 외딴곳에 있었다. 운 좋게도 게이트 바로 앞 넓은 공간에 카페가 있었다. 겉보기에는 카페 같다기보다 텅 빈 공간에 테이블과 의자를 놓아둔 듯한 느낌이었지만 조용한 곳에 앉아서 글을 쓰고 생각을 정리할 수 있다면 충분했다. 게다가 게이트 입구가 바로 보이는 위치라 탑승 시간 직전까지도 안심하고 있을 수 있어 더욱 좋았다.

500엔의 카페라테를 한 잔 주문하고 테이블 하나에 자리를 잡았다. 시간은 11시 50분이었다. 출발까지는 시간도 남았고 지갑에는 아직 쓰지 않은 돈도 있었다. 남은 돈은 선물을 더 사는 데 쓰자는 생각으로 카페 바로 앞에 있던 기념품 가게로 향했다. 남은 예산을 고려해서 하얀 연인(白い恋人)이라는 화이트초콜릿 과자를 두 상자 구매했다. 어제 아키하바라에서 제자를 위한 초콜릿 떡을 몇 상자 사면서 부모님께도 같은 것을 선물하려고 했는

데, 새로운 과자를 샀으니 두 종류의 선물을 건네기로 정했다. 기념품 구매까지 마쳤으니 비행기 탑승 시간까지 생각을 좀 정리하고 일상으로 복귀할 마음의 준비도 하기로 했다.

카페로 돌아와 테이블 앞에 앉았다. 그리고 이번 여행을 하면서 여행 자체와는 무관할지도 모르는, 아니, 깊은 관계가 있을 수도 있는, 머릿속에서 어렴풋하게 계속되면서도 아직 제대로 정리하지 못한 생각들을 천천히 하나씩 떠올려 보고 가다듬기로 했다.

가장 먼저 떠올린 것은 아까 공항에서 카레를 먹을 때 인터넷에서 본 글이다. 그것은 2040년까지 16년이 남았다는 내용의 짧은 글이었다. 산술적으로 당연한 말이다. 그리고 그 글이 무슨 의도로 작성되었는지도 짐작이 간다. 이루고 싶은 일이 있으면 미루지 말고 도전하라는 의미를 담고 있겠지. 사실 나이에 얽매여서 꼭 이른 나이에 무언가를 이뤄야만 한다는 식의 사고는 좋아하지 않지만, 그 글을 보고 나에게도 시간제한이 존재한다는 것을 이상하리만치 명확하게 실감했다. 2040년이면 세는 나이로 마흔 살이 된다. 세상 사람들을 보면 마흔 살이라고 해도 꽤 젊은 나이라는 건 알 수 있지만, 지금의 나에게는 아직 먼 나이라고 느껴지는 것도 사실이다. 그래서 16년이라는 그리 길지 않은 시간이 지나면 곧 40세가 된다는 실감은 거의 없다. '곧'이라고 할 만큼 금방은 아닐지도 모르겠지만.

돌아보면 이번 여행은 분명 즐거웠다. 여행하는 내내 인생에서 좋은 시간을 보내고 있다는 감각이 함께했다. 이 여행은 좋은 '지금'이자, 좋은 기억이 될 거라고 생각했다. 이 여행 자체도 내가 원하는 것을 미루지 않고 속히 실행에 옮겼기 때문에 가능했다.

이번에 나가노에 오게 된 것은 마아야 키호 씨의 무대를 보기 위해서였다. 작년 여름, 오사카에서 처음 듣고 반해 버린 그 노랫소리를 한 번 더 듣고 싶어서 나가노행을 결정했다. 그 너무도 훌륭하고 아름다운 노랫소리를, 더 늦기 전에 직접 듣고 싶다는 마음에서 시작된 여행이다. 시간이나 비용 등 고려해야 할 것들이 있었지만 그래도 가기로 결정했다. 그 선택의 결과로 이렇게 나가노에서의 즐겁고 귀중한 경험을 할 수 있었고 이제는 이렇게 여행의 끝자락에 있다. 마아야 씨의 '지금'을 눈과 귀에 담을 수 있었고, 많은 시간을 좋은 '지금'으로 채울 수 있었다. 나에게는, 모든 사람에게는 항상 지금만이 있다. 시간의 흐름에는 과거, 현재, 미래라는 개념이 있지만 결국에는 언제든, 언제까지든 '현재'만이 있는 게 아닐까? 그러므로 지금 하고 싶은 것은 뒤로 미루면 안 된다. 지금 하고 싶은 것은 지금 해야 한다. 물론 그렇게 단순히 말할 수 있을 만큼 쉬운 일은 아닐지도 모른다. 어떤 상황에서나 하고 싶은 것을 바로 할 수 있는 건 아니니까. 하지만 내가 만들어 갈 수 있는 범위 내에서 '지금'에 열정을 바치는 방법을 찾을 수는 있다. 나에게는 글을 쓰는 작가가 되고 싶다는 작은 꿈이 있다. 하지만 지금까지는 실행에 옮기지 못했다. 내가 원래 하고 있던 일, 학원에서 학생들을 가르치는 일에도 무척 큰 의미가 있으니까, 그것을 포기하면서까지 시도할 만큼의 가치가 있을지 확신이 없었다. 하지만 지금까지 중 가장 강하게, 내가 진심으로 하고 싶은 것을 좇고 싶다는 감정이 들었다. 그렇게 함으로써 작품에도 의미와 가치가 분명히 생겨날 것이다. 학원 일을 시작하고 그 일을 좋아하기 시작할 때부터 언젠가는 이 일을 그만두어야 한다는 사실이 두려웠다. 나는 가르치는 일을 하면서 이루 말할 수 없을 만큼의 소중한 것을 배우고 느꼈다. 내게 귀중한 경험을 선사해 준 대상을 뒤로하는 것은 상상할 수 없었다. 그런 마음으로 지금까지 해 왔지만 이 여행을 시작하기 조금 전부터 약간 권태를 느꼈던 것은 사실이다. 아마도 이제는 내가 무언가 다른 것을 원하고 있기 때문일 것이다. 학원에서 훌륭하게 일을 해내고 싶다는 꿈을 이루기 위해 열심히 해 왔으니, 그다음 이루고 싶은 또 다른 꿈이 생긴 거다. 그렇다면 이제는 그것에 따라야겠다고 생각했다. 그렇게 해야겠다는 생각은 머릿속에서 점점 더 명확해졌다. 내가 쓰고 싶은 글을 완성하자, 그것을 실행으로 옮기자는 확신이 들었다. 글은 나중에도 쓸 수 있을지도 모른다. 하지만 지금 쓰고 싶은 마음을 실현하는 방법은 오직 하나, 지금 쓰는 것이다. 지금 내 머릿속의 아이디어와 구상은 '지금'이라는 시간을 거쳐야 그 형태를 갖출 수 있을지도 모른다. 그 마음을 따라가고 싶다는, 단순한 열망뿐만이 아니라 스스로도 납득할 수 있는 확신이 들었다. 내가 진심으로 하고 싶은 것을 하는 과정에서 필요한 것이 생긴다면 그것을 얻는 과정도 즐길 수 있을 것이다. 내가 하고 싶은 것을 하는 과정에서 또 여러 가지를 새롭게 발견하게 되겠지.

이렇게 생각하니 마음이 산뜻해졌다. 이 결정을 철회하는 일은 없을 거라고 스스로 느낄 수 있었다. 그럼 이제 일상으로 돌아갈 준비를 해야 한다. 곧 다시 펼쳐질 일상의 시작에서 헤매지 않도록 말이다. 내야 되는 회비를 송금하고 주문해야 할 식재료의 리스트를 작성했다. 내일 오전까지 식재료 배송이 오도록 주문해 두고 추가로 필요한 생필품도 파악해서 구입했다. 내일 출근할 시간은 1시, 오늘 밤에 집에 돌아가서 푹 쉬면 충분히 좋은 컨디션으로 출근할 수 있다. 이제 나는 다시 시작할 마음의 준비가 됐다.

비행기 탑승 시간이 되었다. 지금까지의 생각을 산뜻하게 끝맺는다는 기분으로 노트북을 덮고 길게 늘어선 줄 뒤로 향했다.

22살, 첫 일본 여행의 기록

여름빛 오사카와 교토 겨울빛 나가노

1판 1쇄 인쇄 2024년 11월 20일
1판 1쇄 발행 2024년 11월 27일

지 은 이 문혜정
펴 낸 이 최수진

펴 낸 곳 세나북스
출판등록 제300-2015-10호

주 소 서울시 종로구 통일로 18길 9
전화번호 02-737-6290
팩 스 02-6442-5438
블 로 그 http://blog.naver.com/banny74
인 스 타 @sujin1282
이 메 일 banny74@naver.com

I S B N 979-11-93614-12-9 03980

잘못 만들어진 책은 구입하신 서점에서 교환해드립니다.

정가는 뒤표지에 있습니다.